Jens Zscharschuch

Löwenköpfchen

Jens Zscharschuch

Löwenköpfchen

Oertel + Spörer

Bildnachweis
Titelbild: Grit Petersohn
Innenteilbilder
Hans-Heiko Böger S. 8
Heike Bruno S. 43
Walter Hornung S. 16
Tobias Reinmuth S. 23
Alle anderen Bilder von Grit Petersohn

Haftungsausschluss

Bibliografische Information der Deutschen Nationalbibliothek

Die Deutsche Nationalbibliothek verzeichnet diese Publikation in der Deutschen Nationalbibliografie; detaillierte bibliografische Daten sind im Internet über http://dnb.d-nb.de abrufbar.

Postfach 16 42 · 72706 Reutlingen

Schrift: 9/11 p Times New Roman
Lektorat: Dr. Gabriele Lehari
DTP und Repro: raff digital gmbh, Riederich
Druck und Bindung: Oertel+Spörer Druck und Medien-GmbH+Co., Riederich
Printed in Germany
ISBN 978-3-88627-758-2

Inhalt

Dieses hier vorliegende Buch widmet sich erstmalig den Löwenköpfchen als Rassekaninchen. Seitdem die Rasse in der organisierten Kaninchenzucht präsent ist, sorgt sie mit oder gerade durch ihr eigentümliches Äußeres immer wieder für Aufsehen.

War das Löwenköpfchen früher fast ausschließlich in der Hobbykaninchenzucht bekannt und verbreitet, so erfährt es gerade eine beträchtliche Beliebtheit unter den Rassekaninchenzüchtern.

Ihren momentanen Neuzüchtungsstatus werden die Löwenköpfchen daher hoffentlich bald überwunden haben, sodass man sie zukünftig völlig zu Recht in einem Atemzug mit dem Zwergwidder oder Farbenzwerg nennen wird.

In diesem Buch werden zunächst, nachdem ein Überblick über die derzeit existierenden Zwergrassen gegeben wird, die Besonderheiten der einzelnen Rassen etwas näher beleuchtet und der Stellenwert der Löwenköpfchen herausgearbeitet. Anschließend folgt ein Kapitel, welches sich ausführlich mit der speziellen Genetik des Löwenköpfchens befasst. Hierbei wird der Aspekt der Genetik allerdings nur so weit angesprochen, dass jedem die Relevanz dieser Erscheinung bewusst und die Zusammenhänge etwa in der praktischen Zucht da-

Durch das außergewöhnliche Aussehen weckt das Löwenköpfchen immer mehr Interesse bei Kaninchenzüchtern.

mit berücksichtigt und besser verstanden werden können. Denn bei dieser Rasse lässt sich wunderbar die Theorie mit der Praxis verbinden.

Des Weiteren werden die aktuellen Standardforderungen detailliert beschrieben und mit entsprechendem Bildmaterial unterstützt. Wo es notwendig ist, werden die einzelnen Positionen zusätzlich untergliedert, um noch genauer auf manche Besonderheit eingehen zu können. Dabei ist großer Wert darauf gelegt worden, dass nicht nur der Anfänger in der Kaninchenzucht, sondern auch der „alte Hase“ sein Wissen erweitern kann.

Im letzten Drittel des Buches werden dann noch Zusammenhänge rund um die eigentliche Zuchtarbeit mit den Löwenköpfchen behandelt. Schließlich folgt ein kleiner internationaler Überblick zu den Löwenköpfchen und es werden dabei etwa bestehende Unterschiede behandelt.

Den Abschluss bildet eine zusammengefasste Chronik aus der noch sehr jungen deutschen Zuchtgeschichte des Löwenköpfchens.

Ein japanerfarbiges Löwenköpfchjen.

Entwicklung der Kaninchenzucht

Kaninchenzucht früher

Betrachtet man die Kaninchenzucht in der Vergangenheit, so wird einem der Zweck der damaligen Haltung schnell klar. Die Absicht der Haltung bestand fast ausschließlich darin, die Speisekarte der Züchter etwas zu bereichern. Ein fördernder Aspekt war sicherlich die allgemein bekannte Genügsamkeit der Kaninchen, was Unterbringung und Futter betrifft. Sicherlich begünstigte ihre sprichwörtliche schnelle Vermehrungsrate ebenso die Verbreitung und weckte somit Interesse an den Tieren.

Der Grundgedanke schlug sich selbstverständlich in der Anzahl der vertretenen Rassen und deren Erscheinungsbild nieder. Bevorzugt wurden mittlere bis große Rassen wie Belgische Riesen, Großwidder oder Silberkaninchen. Diese Rassen vertraten den damaligen befürworteten Nutztyp, welcher neben dem Fleisch auch beispielsweise das Fell und beim Angorakaninchen die Wolle lieferte. Eine zielgerichtete Zucht auf Schönheit, Aussehen oder Verhalten wurde primär nicht betrieben.

Im Laufe der Zeit erfolgte jedoch ein Umdenken. Dieses war sicher darin begründet, dass sich ein merklicher Wohlstand in der Bevölkerung einstellte und viele Menschen neben dem Beruf nach einer Freizeitbeschäftigung suchten. Die meisten mussten nicht mehr vordergründig für die Beschaffung von Nahrungsmitteln arbeiten, sodass man es sich leisten konnte, seine Freizeit anders zu gestalten.

In dieser Zeit (gegen Ende des 18. Jahrhunderts) entstanden vermehrt die ersten Kleintier- bzw. Kaninchenzuchtvereine und die ersten Kaninchenschauen wurden durchgeführt. Durch den damit verstärkten Austausch an Wissen der Züchter untereinander sind auch neue Ideen oder Richtungen entstanden. Zu sehen ist dies etwa an der Vielzahl neuer Rassen, die somit entstanden. Der Nutzgedanke wich infolgedessen immer mehr dem reinen Hobby. Sicherlich erkannte man auch die Vorteile, wie etwa bessere Futterbeschaffung oder Ähnliches, die sich ergeben, wenn man sich beispielsweise in einem Verein zusammenschloss. Infolgedessen sah man die Kaninchenschauen immer mehr als eine Art „friedlicher Wettkampf“ an und verfolgte dahingehend die Ziele.

Kaninchenzucht heute

Heutzutage wird die Kaninchenzucht fast ausschließlich als Hobby betrieben. Die Bedeutung von Hobby laut Duden ist Folgende: *„... als Ausgleich zur täglichen Arbeit gewählte Beschäftigung, mit der jemand seine Freizeit ausfüllt und die er mit einem gewissen Eifer betreibt.“* Eine bessere Beschreibung ist meines Erachtens kaum zu finden. Drei wichtige Aspekte werden hier deutlich angesprochen und sind bezeichnend für das Hobby Rassekaninchenzucht:

1. der Ausgleich zur täglichen Arbeit – die ideellen Werte
2. das Ausfüllen der Freizeit – die Motivation
3. das Betreiben mit einem gewissen Eifer – das Erfolgserlebnis

Alle diese Aussagen sind charakteristisch für den vollzogenen Wandel innerhalb der organisierten Kaninchenzucht. Anhaltspunkte, die diesen Wandel stützen, finden sich beispielsweise im allgemeinen Rassetrend und in der Beschäftigung mit den Kaninchen als Sporttier wie zum Beispiel bei dem sogenannten Kaninhop, das vor allem von jungen Kaninchenzüchtern und -haltern betrieben wird.

Ideelle Werte entstehen durch persönliche Bindung zu einer bestimmten Sache. Die Höhe des Wertes jedoch legt jeder ganz individuell fest und kann demnach stark variieren. Das Verlangen neben den materiellen Werten, vornehmlich geschaffen durch den Beruf und den daraus erworbenen finanziellen Mitteln, auch eben diese ideellen Werte zu besitzen, entwickelt sich stetig. Somit unterstreicht es noch mal das im vorangegangenen Absatz gesagte. Unbestritten besteht aber zwischen den ideellen und materiellen Werten ein Zusammenhang. Denn erwiesenermaßen kann etwa der Gewinn oder der Zuwachs von ideellen Werten auch Kraft und Energie geben. Anders ausgedrückt hilft es, einen Ausgleich zu völlig anderen Aufgaben bzw. bei der Erledigung derer herzustellen.

Für die Kaninchenzucht im Speziellen ist hier primär die Beschäftigung mit dem lebenden Tier zu nennen. Die Möglichkeit, den Tieren während ihrer Entwicklung zusehen zu dürfen bzw. sie zu erleben, aber auch die damit verbundenen Anforderungen und Pflichten, welche die Beschäftigung mit sich bringt, besitzen das Vermögen, einen ideellen Wert zu schaffen. Häufig ist auch der Wunsch vorhanden, in seiner Freizeit „einmal was komplett anderes“ zu machen. All dies läuft sicher für die meisten unbewusst während der Ausübung des Hobbys ab.

Kleine Rassen werden immer beliebter – so auch das Löwenköpfchen.

Ein weiterer wichtiger Punkt ist, dass es im Rahmen einer Hobbytätigkeit für viele bedeutend einfacher ist, sich ganz persönlich zu verwirklichen, als es mitunter im Beruf möglich ist. Denn bei seinem Hobby entscheidet jeder selbst über sein Tun und Handeln. Demzufolge kann man ein Hobby auch als eine Auszeit zum Alltäglichen sehen.

Durch den Erhalt oder Gewinn ideeller Werte gesellen sich zunehmend auch Begeisterung und Motivation hinzu, die wiederum als eine Art Triebfeder gesehen werden können. Bei der Kaninchenzucht spricht man von einem intakten Vereins- oder Clubleben. Erst die Gespräche und Erlebnisse unter Gleichgesinnten erzeugen eine anhaltende oder nachhaltende Freude.

Besonders ausgeprägt ist die Motivation, wenn sie durch Erfolge und Anerkennung hervorgerufen wurde. Wieder auf die praktischen Kaninchenzucht übertragen ist dies zum Beispiel der Erfolg auf Ausstellungen oder die ehrenamtliche Tätigkeit. Neben diesen Faktoren existieren sicherlich noch andere, wie etwa die Chance, sich selbst zu verwirklichen oder wenigstens die Beteiligung an solchen Projekten. In der Kaninchenzucht ist hier die Rede von der Schaffung oder Kreation neuer Rassen und Farbenschlägen.

Somit ist es auch nicht verwunderlich, dass sich immer wieder Züchter bemühen, Neuzüchtungen zu zeigen und zu entwickeln. Schließlich wird wohl auch kein ambitionierter Züchter leugnen, dass es nach wie vor einen ganz speziellen Reiz besitzt, seinen eigenen Namen durch eine Neuzüchtung für die Nachwelt zu erhalten und so ein kleiner Teil der Geschichte zu werden.

Erfolgskurs der kleinen Rassen

Bei den momentan vorhandenen Kaninchenrassen gehören zweifelsfrei die kleinen und Zwergrassen zu den am meisten gezüchteten Rassen. Dies wird auch klar, wenn man sich das zuvor erwähnte vor Augen hält. Große Rassen stellen naturgemäß weit höhere Ansprüche an ihr Wohlbefinden. Nicht nur die Faktoren Futter und Unterbringung sind da zu nennen, es fallen auch erhebliche Mengen an Stalldung an. All dies sind Umstände, die viele Züchter dazu bewogen haben, kleinere Rassen zu züchten.

Zusätzlich verlangt das immer mehr urbanisierte Wohnumfeld der Züchter nach Alternativen. Insofern war es meiner Meinung nach absolut überfällig, diesen Trend weiter zu fördern, zumal durch eine bis dato in Beliebtheit und Verbreitung außergewöhnliche Rasse – das Löwenköpfchen.

Das Löwenköpfchen ist nicht nur äußerst beliebt, sondern verkörpert auch das ideale Bindeglied zwischen den Farbenzwergen und den kleinen Rassen. Die besondere Beliebtheit dieser Rasse ist zweifelsohne ihrem auffälligen Erscheinen zuzuschreiben welches die oben erwähnte ideelle Wertevermittlung neu definiert.

Betrachtet man das Wesen und den Grundgedanken einer aktiven Kaninchenzucht, welche zum Ziel hat, einen Idealtyp einer bestimmten Rasse züchterisch zu festigen, dann haben gerade die Kleinst- oder Zwergrassen einen weiteren entscheidenden Vorteil: Mit ihrer Kleinheit einher geht nämlich auch eine kürzere Entwicklungszeit der Tiere. Dies wiederum kann man sich zum Beispiel in einer schnelleren Generationsfolge zunutze machen. Dadurch ist es möglich, sehr gezielt züchterisch tätig zu sein und die spezifischen Rassemerkmale zu verbessern.

Bevor wir uns dem Löwenköpfchen im Einzelnen widmen, möchte ich entgegen allen Trendrichtungen daran erinnern, dass der Ursprung der Kaninchenzucht aber nicht in den Klein- oder Zwergrassen liegt. Denn gerade erst die größeren Rassen beherbergten das Potenzial und gaben den Anstoß für diese Entwicklung.

Ihre Verbreitung ist sicherlich auch – mit Ausnahmen – nicht sonderlich gefährdet, sodass es für ein Bangen um deren Erhaltung keinen Anlass gibt. Vielmehr ist die Züchterzahl der mittleren und größeren Rassen sehr stabil und jeder gewonnene Züchter in einem anderen Rassesegment trägt zur Bereicherung und Belebung des vorhandenen Züchterumfeldes dauerhaft bei.

Stellung des Löwenköpfchens unter den Zwergrassen

Alle Zwerg- bzw. Kleinstrassen, mit Ausnahme der Hermelinkaninchen, stellen eine Miniaturisierung einer größeren Rasse dar. Der Grund war sicherlich, dass es für viele Züchter keine Möglichkeit gab, große Rassen einer speziellen Farbe oder einer speziellen Fellhaarbeschaffenheit zu züchten. Dies war der Antrieb dafür, die äußeren Merkmale der großen Rassen auf kleinere Tiere zu übertragen. In folgender Tabelle sind die Ursprungsrassen, die Miniaturisierung und die Besonderheiten, welche beide verbinden, dargestellt.

- Nichtzwerge = dw/dw
- Typzwerge = Dw/dw
- Kümmerer (Letalfaktor) = Dw/Dw

Der Zwergenfaktor Dw (Dw = dwarf) bewirkt in spalterbiger Form das typische gnomenhafte Erscheinungsbild der uns heute vertrauten Typzwerge. Der sogenannte Kugel- oder Bollenkopf wird bei diesen Tieren durch eine anatomische Veränderung des Schädels hervorgerufen. Auch die Ohren erfahren bei den Typzwergen eine deutlich erkennbare Verkürzung der Ohr-

Zwergform und ihr Ursprung		
Miniaturisierung	**Besonderheit**	**Ursprungsrasse**
Zwergwidder	Hängeohrigkeit	Deutsche Widder
Farbenzwerge	Farbvielfalt	sämtliche Farbenschläge aller Rassen
Rexzwerge	Kurzhaarigkeit	Rexkaninchen
Fuchszwerge	Langhaarigkeit	Fuchskaninchen
Zwergschecken	Zeichnungsbild	Deutsche Riesenschecke
Löwenköpfchen	partielle Langhaarigkeit	Genter Bartkaninchen
Satin-Zwerge	Haarstruktur (Seidenhaar)	Satinkaninchen

Will man die Zwergrassen hinsichtlich der Größe noch etwas genauer klassifizieren, so könnte man sie zusätzlich in „Kleinstkaninchen" und „echte Zwerge" unterteilen. Unter der Bezeichnung „echte Zwerge" ist zu verstehen, dass solche Tiere genetisch einen Zwergenfaktor tragen (nach Schlolaut, 2003):

muscheln. In reinerbiger Form Dw/Dw jedoch wirkt der Zwergenfaktor zusätzlich als Letalfaktor (Konstitutionsschwäche).

Statistisch kommen bei einer Verpaarung von Typzwergen (Dw/dw) 25 % der Tiere mit Letalfaktor vor. Die Gruppe der Kleinstkaninchen (dw/dw) besitzt nicht diesen Faktor. Hier handelt es sich schlichtweg um sehr klein gezüchtete Kaninchen. Beide Gruppen sind in der Tabelle „Kleinstkaninchen und echte Zwerge“ mit ihren jeweiligen Rassen gelistet.

Vererbung Zwergenfaktor (beide Eltern Typzwerge Dw/dw)		
	Dw	**dw**
Dw	**Dw/Dw** Genetisch reinerbiger Zwerg = Letalfaktor	**Dw/dw** Typzwerg
dw	**Dw/dw** Typzwerg	**dw/dw** „Nichtzwerg“

Kleinstkaninchen und echte Zwerge	
Kleinstkaninchen	**echte Zwerge**
Zwergwidder	Hermelinkaninchen
Zwergschecken	Farbenzwerge
Löwenköpfchen	Rexzwerge
	Fuchszwerge
	Satin-Zwerge

Die Entwicklung des Löwenköpfchens

Die ältesten Vertreter der Zwergrassen sind unumstritten die Hermelinkaninchen. Gesicherte Überlieferungen sind beispielsweise schon aus dem Jahr 1884 vorhanden (Reber, 2013). Als Farbenschlag herrschte zunächst ausschließlich die rotäugige Variante vor. Das blauäugige Hermelinkaninchen wurde erst in den Jahren um 1919 herausgezüchtet.

Die Farbenzwerge als eigenständige Rasse wurden hauptsächlich in den Niederlanden in den 1940er-Jahren herausgezüchtet. In Deutschland wurden die Farbenzwerge im Jahr 1956 als Rasse anerkannt.

Ebenfalls in den Jahren zwischen 1950 und 1960 sind die Zwergwidder gezielt herausgezüchtet wurden. Auch hier liegt der Ursprung in den Niederlanden. Als Rasse wurden die Zwergwidder 1964 in den Niederlanden anerkannt (Hornung, 2012). Bis zur Anerkennung in Deutschland vergingen dann noch mal neun Jahre.

In den 1970er-Jahren unternahm man Versuche, Rexzwerge sowie Fuchszwerge herauszuzüchten. Die Anstrengungen gelangen und somit bereichern die Rexzwerge seit 1980 und die Fuchszwerge seit 1986 das Spektrum der Zwergrassen.

Zu den jüngsten Vertretern im Reigen der Zwergrassen zählen die Satin-Zwerge sowie die Zwergschecken. Beide sind als Rasse vom ZDRK seit 2011 bzw. 2004 in Deutschland anerkannt und werden gezüchtet.

Bart und Mähne – die typischen Merkmale des Löwenköpfchens.

Die Entstehung des Löwenköpfchens

Betrachtet man die vorangegangene Tabelle „Kleinstkaninchen und echte Zwerge", so fehlt in der geschichtlichen Auflistung noch eine Rasse, nämlich die Löwenköpfchen, deren Geschichte sicherlich für Chronisten oder Historiker eine Herausforderung darstellt. Denn Belege für ihre Entstehung bzw. das erstmalige Auftreten ähnlich aussehender Kaninchen sind nicht wirklich vorhanden und die Spekulationen gehen weit auseinander.

So wird beispielsweise einerseits von Kreuzung zwischen Angorakaninchen und Fuchskaninchen mit Farbenzwergen gesprochen. Und es gibt auch die Vermutung, dass man versucht hat, Zwergangoras zu züchten, wobei dann die Löwenköpfchen entstanden sind. Dies sind meiner Ansicht nach alles keine fundierten Angaben geschweige denn Bestätigungen oder Beweise.

Meine persönliche Überzeugung ist, dass es eine mutative (plötzliche und zufällige) Veränderung des Erbgutes gab. Diese phänotypische Veränderung gefiel nun sicherlich einigen Züchtern oder Haltern besonders und deshalb verpaarten sie eben solche Tiere gezielt weiter. In welchem Land aber genau dies nun geschah, lässt sich heute sicherlich nicht so einfach aufklären. Jedoch ist unbestritten, dass es vor allem die skandinavischen Länder sowie England waren bzw. sind, in denen vermehrt die Löwenköpfchenzucht betrieben wird.

In Deutschland macht seit 2011 das Löwenköpfchen oder – an den europäischen Standard orientierend – das „Zwergkaninchen Löwenkopf“ als Rasse von sich reden. Der Grund ist, dass zu dieser Zeit das fünfjährige Moratorium hinsichtlich Anträge zu Neu- und Nachzuchten seitens der ZDRK-Standardkommission gefallen war. Damit konnte der Antrag gestellt werden, die Löwenköpfchen als Neuzüchtung anzumelden.

Wahre Pionierarbeit zeigten seit der ersten Stunde Züchter wie Hans-Heiko Böger aus Langen, Heike Brunow aus Berlin, Axel Linke aus Berlin, ZGM Scholz/Töpel aus Jena, ZGM Scholz/Robert aus Görlitz sowie der Autor dieser Zeilen. Inzwischen hat sich die Anzahl der genehmigten Zuchten in Deutschland fast verzehnfacht (Stand September 2013).

Bedenkt man, dass es sich hierbei einzig und allein um den rhönfarbigen Farbenschlag handelt, kann die zukünftige Verbreitung mit den anderen Farben nur erahnt werden. Der Hintergrund, die Neuzüchtung Löwenköpfchen mit dem rhönfarbigen Farbenschlag zu beginnen, ist schnell erklärt. Alle oben genannten Züchter widmeten sich damals der Zucht der Rhönkaninchen und teilten sich demzufolge die Begeisterung zur Birkenstammzeichnung.

Die eigentliche Idee, die Löwenköpfchen aus ihrem bis dato bestehenden Züchtungsumfeld, wie etwa in Heimtierzuchten oder Liebhabereien, zu einer Anerkennung

Nur der rhönfarbige Farbenschlag ist bisher anerkannt.

als Rasse gemäß den Bestimmungen des ZDRK zu verhelfen, entstand etwa ab dem Jahr 2004 beim Verfasser. Damals besuchte ich zusammen mit meinem Zuchtfreund Axel Linke aus Berlin die dänische Landeskaninchenschau in Haderslev. Dort waren die Löwenköpfchen unter der englischen Bezeichnung „Lionheads“ beispielsweise in den Farben thüringer und wildfarbig ausgestellt.

Ihre muntere, freche Erscheinung blieb in Erinnerung und motivierte uns immer wieder, das Vorhaben in die Tat umzusetzen. In den darauffolgenden Jahren importierten wir mehrmals Zuchttiere und begannen mit den ersten Verpaarungen. Große Hilfe erhielt der Verfasser in der ersten Zeit vom Züchter Carsten Brunow aus Berlin, einem ausgewiesenen Zwergkaninchenexperten und sehr guten Freund.

Gemeinsam überlegten wir, auf welche Farbe wir uns bei den Löwenköpfchen im Falle einer Beantragung beim ZDRK konzentrieren sollten. Bevor wir den Antrag beim ZDRK einreichen, so die Meinung der Beteiligten, sollten aber wenigstens ein paar typische Vertreter der Löwenköpfchen in den heimischen Ställen vorhanden sein.

Das Augenmerk lag hier vordergründig auf dem besonderen Typ verbunden mit der Fellbeschaffenheit. Das wird auch insofern verständlich, weil mit diesen Merkmalen – etwa der partiellen Langhaarigkeit verbunden mit dem abweichenden Zwergentypus – die Löwenköpfchen ein Alleinstellungsmerkmal forderten, welches es so bei den vorhandenen Rassen noch nicht gab.

Der Aspekt Farbe sollte erst mal zweitrangig bearbeitet werden. Dieses Vorgehen erwies sich rückblickend als vollkommen richtig und sollte als Beispiel für ähnliche „Projekte“ angesehen werden. Die Festigung eines Typs mit ganz speziellen Charakteristika, deren Vitalität und Konstitution sollte als primäre Aufgabe in einer Zucht verstanden werden, bevor man sich beispielsweise Farbnuancen widmet.

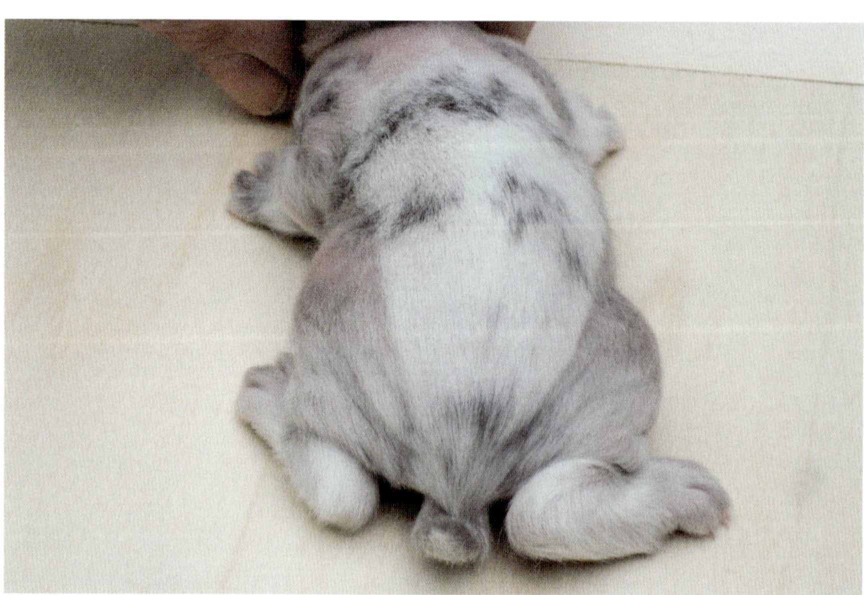

Ein Jungtier mit Keil.

Gleich bei den ersten Würfen der Löwenköpfchen waren wir erstaunt über das Erscheinungsbild mancher Jungtiere. Schon im Nest zeigten die Jungtiere eine uns bis dahin unbekannte Eigenschaft, nämlich die eines selektiven Haarwachstums, oder das mittlerweile in der Züchterwelt bekannte Phänomen, welches umgangssprachlich als „mit Keil geboren" bezeichnet wird.

Diese Auffälligkeit weckte natürlich das Interesse, mehr über „den Keil" herauszufinden. Die ersten Mutmaßungen über einen genetischen Defekt und damit eine krankhafte, missgebildete Erscheinung erwiesen sich glücklicherweise als haltlos und falsch. Das Wachstum der Haare an den vorher haarlosen Stellen setzte ebenfalls ein, nur eben zeitlich etwas verzögert. Diese zunächst haarlosen Stellen zeichnen somit von Geburt an ab, welcher Bereich später das verlängerte Haar (Mähne, Brust, Flanke) trägt. Aber wieso tritt dieser Effekt eigentlich auf?

Hypertrichosis

Hypertrichosis kommt aus dem Griechischen und bedeutet „über Haar". Wird dieses Phänomen, auch **Hypertrichose** genannt, etwas näher untersucht, trifft man schnell auf den Begriff partielle Langhaarigkeit.

Hypertrichose bezeichnet eine genetisch bedingte Haarerkrankung, welche sich durch ein übermäßiges Haarwachstum an sichtbaren Körperregionen bemerkbar macht (Wiederholt, Poblete-Gutierrez und Frank, 2003).

Das Gegenteil, die Hypotrichose, ist ebenfalls eine erblich bedingt Haarerkrankung, die einen Haarausfall zur Folge hat. Beide Erkrankungen sind in der Veterinär- und Humanmedizin anzutreffen.

Da ein vermehrtes Haarwachstum im medizinischen Sinne keine ernsthafte Erkrankung darstellt, sind wissenschaftliche Arbeiten zu diesem Thema nur begrenzt vorhanden. Dennoch beschäftigte sich die Wissenschaft vereinzelt damit, weil neben den vergleichbaren geringen körperlichen Schmerzen eine große psychosoziale Belastung bei den Betroffenen entsteht. Um dies zu lindern oder zu heilen, befasste man sich häufig im Bereich der Dermatologie damit.

Nach heutiger Ansicht ist das Entstehen eines übermäßigen Haarwachstums wie im Folgenden beschrieben wird zu erklären. Vorausgesetzt ist natürlich die genetische Disposition der Individuen.

Im fötalen Alter bedeckt das sogenannte Lanugohaar (lateinisch: lana = Wolle) die Körperoberfläche des Embryos. Dieses Haar hat beispielsweise die Aufgabe, die Talgabsonderungen, die sogenannte „Käseschmiere", auf der Haut gleichmäßig zu verteilen und festzuhalten. Kurz vor der Geburt wird das Lanugohaar abgestoßen und das Vellushaar (lateinisch: vellus = wollähnlich, Vlies) wird gebildet. Das Vellushaar wächst auf der gesamten Körperfläche und ist schwach pigmentiert.

In der Kaninchenzucht wird dies meist als Nesthaar bezeichnet. Das Vellushaar stellt einen Übergang zum späteren Erwachsenhaar, dem Terminalhaar, dar. Die Umwandlung zum Terminalhaar wird durch Sexualhormone, die sogenannten Androgene, gesteuert. Besitzt nun ein Lebewesen eine genetische Veranlagung für eine Fehlsteuerung solcher Hormone oder kommt es zu einem unzureichenden Transport der Hormone an die betroffenen Körperregionen, so wächst das Vellushaar weiter und der Austausch zum Terminalhaar bleibt aus (Trüeb, 2008).

Auf eine weiterführende Darlegung der molekularen Zusammenhänge im Bereich der Zytogenetik wird an dieser Stelle jedoch verzichtet, da der Inhalt dieses Buches sich in erster Linie mit der züchterischen Handhabung dieser Erscheinung beschäftigen soll und nicht mit deren Ursächlichkeit. Wer sich dennoch dafür interessiert dem seien zum Einstieg die im Literaturverzeichnis angegebenen Veröffentlichungen empfohlen.

Die Haarbeschaffenheit

Betrachtet man die Löwenköpfchen, so stellt man unweigerlich fest, dass sich das Haar in den Langhaarbezirken deutlich vom restlichen Fellkleid unterscheidet. Das Langhaar ist fühlbar wolliger als das beispielsweise auf dem Rücken befindliche Normalhaar. Somit deckt sich hier eindrucksvoll die Theorie mit der Praxis. Eine Erklärung aber, warum sich gerade im Bereich des Kopfes, der Brust und der Flanke die Langhaarbezirke bilden, kann hier an dieser Stelle leider nicht gegeben werden und bedarf weiterführender Untersuchungen.

Dass bei dieser Veranlagung eine Varianz in der Ausprägung vorhanden ist, zeigt sich, wenn man die Tiere untereinander in ihrem Phänotyp vergleicht. Nicht nur die Länge der Haare an sich, sondern auch die

Ein überjähriges Löwenköpfchen mit Mähne und schwacher Flanke.

Größe der Körperflächen, die dieses Merkmal zeigen, variiert. Interessant ist auch die oft beobachtete Tatsache, dass sich die Merkmale wie Mähne, Bart und Flankenbehaarung im jugendlichen Alter der Tiere, also im ersten Lebensjahr, am deutlichsten und am schönsten zeigen.

Der Verfasser ist hier der Meinung, dass die hormonelle Umstellung beispielsweise bei Beginn der Zucht oder bei weiblichen Tieren nach dem ersten Wurf das Haarwachstum dahingehend beeinflussen kann, dass ein erhöhtes Wachstum von Terminalhaaren angeregt wird. Zu sehen ist dies beispielsweise bei über einjährigen Tieren, wobei es auch hier eine breite Streuung gibt. Ich selbst habe Tiere, an denen auch im zweiten oder dritten Jahr noch die volle Merkmalsausprägung zu finden ist, wenngleich die Flankenbehaarung am schwächsten wird.

Der „Mähnenfaktor"

Schriften über die Vererbung der partiellen Langhaarigkeit, dem sogenannten Mähnenfaktor, oder gar gesicherte Untersuchungen hierzu sind meines Erachtens noch nicht vorhanden. Somit gibt es auch kein allgemeingültiges Symbol oder Akronym, das dieses Merkmal darstellt. Trotzdem hat sich generell als Bezeichnung der Buchstabe **M** für „Mähnenfaktor" durchgesetzt, analog etwa dem „Scheckungsfaktor" **K.**

Zufällig ergibt sich dabei eine Übereinstimmung mit der englischen und amerikanischen Schreibweise, denn dort wird üblicherweise auch das **M** verwendet und bezeichnet hier die Erbanlage für „mane", was übersetzt Mähne bedeutet.

Selbstverständlich treten Erbfaktoren immer paarweise auf, da sie von Mutter und Vater gleichermaßen vererbt werden. Demnach müsste die korrekte Terminologie für einen Merkmalsträger des „Mähnenfaktors" **MM** sein. Nimmt man allerdings an, dass die Erbanlage in reinerbiger Form vorliegt, beschränkt man sich meist auf die Darstellung einer Allelenreihe. Als Allele werden Merkmalsfaktoren bezeichnet wie Farbe oder Haartypen.

Bevor die Vererbung des **M**-Faktors näher erläutert wird, ist es sinnvoll, sich mit den anderen beim Kaninchen vorkommenden Fellhaartypen auseinanderzusetzen. Das Normalhaar beim Kaninchen hat allgemeingültig die Bezeichnung **V.** Dem gegenüber steht das kleine **v** für Langhaar, genauer gesagt für Angora, denn das Fuchskaninchen besitzt eigentlich ein verlängertes Normalhaar, was deshalb in manchen Werken (Dorn, 1981) mit **V**FU ausgedrückt wird, was der Verfasser auch für zweckdienlicher halten würde.

Einen weiteren Typus stellt das Rexkaninchen mit **rex** sowie das Satinkaninchen mit **sa** dar. Die Zuordnung der Groß- und Kleinschreibweise ist nicht willkürlich gewählt, sondern zeigt das Dominanzverhältnis der Faktoren zueinander an. Leicht ersichtlich ist somit, dass das Normalhaar über alle anderen Fellhaararten dominiert. Genauer gesagt ergeben Paarungen zwischen Normalhaarträgern und beispielsweise Merkmalsträger für **rex** oder **sa** immer in der ersten Generation normalhaarige Tiere. Erstaunlicherweise wird nun der „Mähnenfaktor" **M** groß geschrieben! Wie kann das sein? Die Erklärung ist, dass der **M**-Faktor autosomal-dominant vererbt wird.

Autosomal bedeutet, dass die genetische Veränderung nicht geschlechtsspezifisch auftritt; dementsprechend kann das Merkmal beim männlichen und beim weiblichen

Tier gleichermaßen auftreten und wird von beiden auch weitervererbt.

Der zweite Begriff „dominant“ nimmt Bezug auf die Durchsetzungskraft der Anlage. Bei einem autosomal-dominanten Erbgang wird demnach bereits eine Merkmalsausbildung erreicht, wenn ein verändertes Gen, beispielsweise der **M**-Faktor, von dem männlichen Tier getragen wird. Liegt, wie auf der nächsten Tabelle dargestellt, eine Veranlagung für ein bestimmtes Merkmal in einem einzigen Allel vor, so spricht man davon, dass der Merkmalsträger mischerbig oder heterozygot für dieses Merkmal ist. Charakteristisch ergibt sich dann in der Nachkommens-Generation ein ganz bestimmtes prozentuales Verhältnis für die Zahl der Merkmalsträger.

In unserem Beispiel besitzen statistisch gesehen 50 % der Nachkommen eine mehr oder minder ausgeprägte Mähne bzw. Flankenbehaarung und sind für dieses Merkmal auch Erbträger. Die anderen 50 % sind reinerbig für „keine Mähne“ und zeigen somit auch keine Langhaarzone.

Erbgang M-Faktor (Mm x mm)		
	M	**m**
m	**Mm** Spalterbig auf den Mähnen-faktor	**mm** reinerbig auf „keine Mähne“
m	**Mm** Spalterbig auf den Mähnen-faktor	**mm** reinerbig auf „keine Mähne“

Heterozygot (50 % Mm – ohne Keil, aber mit schwacher Mähne und Flankenbehaarung)

Homozygot (50 % mm – ohne Mähne)

Zum Vergleich wird in der nächsten Tabelle gezeigt, was geschieht, wenn man zwei reinerbige, also homozygote, Merkmalsträger miteinander verpaart. Ist ein Elternteil homozygot (reinerbig) auf Mähne (MM) und eines homozygot (reinerbig) auf normalhaarig (mm), sind alle Nachkommen heterozygot Mm mit einer erkennbaren Langhaarigkeit an den besagten Stellen, ohne Keil, aber mit schwacher Mähne und Flankenbehaarung.

Erbgang M-Faktor (MM x mm)		
	M	**M**
m	**Mm** Spalterbig auf den Mähnen-faktor	**Mm** Spalterbig auf den Mähnen-faktor
m	**Mm** Spalterbig auf den Mähnen-faktor	**Mm** Spalterbig auf den Mähnen-faktor

100 % der Nachkommen sind heterozygot Mm – ohne Keil, aber mit schwacher Mähne und Flankenbehaarung.

Halblöwe oder Volllöwe

Wie im vorherigen Absatz erläutert, tritt bereits bei Tieren, die den einfachen **M**-Faktor in ihrem Erbgut besitzen, die typische Mähnenausbildung in Erscheinung. Wo liegt dann eigentlich der Unterschied zu einem doppelten, also reinerbigen **MM**-Faktor? Die Frage ist berechtigt, aber auch relativ klar zu beantworten.

Bei Tieren, die mit einem einfachen, also mit **Mm**-Faktor geboren werden, bildet sich zwar die partielle Langhaarigkeit an den bekannten Körperstellen aus, ist aber nicht besonders stark im Sinne von Haardichte, Länge und Körperfläche entwickelt. Besonders bei diesen Tieren ist der Verlust der Langhaarigkeit im späteren Alter signifikant. Ein weiteres sicheres Indiz für den genetischen „Halblöwen" mit Mm ist, dass diese Tiere auch „ohne Keil" geboren werden.

Anders verhält es sich bei den Tieren mit **MM**-Faktor, den sogenannten „Volllöwen". Bei denen ist der „Keil" im Nest deutlich und kräftig ausgeprägt. Zusätzlich erscheint das spätere Mähnenhaar viel dichter und ist auch in puncto Zonierung ausgeprägter.

Aus eigenen Erfahrungen kann aber selbst das Erscheinungsbild zwischen **MM**-Trägern variieren. Diese Tatsache lässt vermuten, dass daran eventuelle Verstärkungsfaktoren beteiligt sind. Solche Verstärkungsfaktoren kommen beispielsweise bei der Farbvererbung wie etwa bei der Gelb- oder Rot-Reihe zum Tragen. Hier entscheidet schlicht die Anzahl dieser Verstärkungsfaktoren über die farbliche Tiefe.

Analog dazu, so meine persönliche Vermutung, gibt es bei dem Mähnenfaktor auch unterschiedliche Tendenzen. Am deutlichsten ist dies bei der Flankenbehaarung zu sehen. Hier drückt sich das Vorhandensein solcher Verstärkungsfaktoren unter anderem dadurch aus, dass es keine Unterbre-

Ein Löwenköpfchen mit durchgehender Flankenbehaarung.

chung zwischen der Mähnenbehaarung und der hinteren Flankenbehaarung mehr gibt.

Andererseits besitzen manche Tiere mit „Keil" auch eine erheblich schwach ausgebildete Mähne oder Flankenbehaarung. Beide Richtungen stellen einen abweichenden Typ und somit Extreme dar; diesem sollte deshalb gezielt züchterisch entgegnet werden. Die so häufig propagierte „goldene Mitte" wäre auch hier das angestrebte Ziel. Dies zu erreichen, zu festigen und zu verbessern ist in den nächsten Jahren vordergründiges Ziel in der Löwenköpfchenzucht.

Illusionäre Gedanken?

Jeder scharfsinnige Leser, der die Ausführungen zum Erbgang des Mähnenfaktors bis hierher verfolgte, könnte jetzt folgende Schlussfolgerung ziehen: Die Ausprägung des Mähnenfaktors und dessen Merkmale sind nicht an einen speziellen Haartyp gekoppelt!

Diese Vermutung bzw. Feststellung ist korrekt. Folglich sind demnach Kombinationen mit kurzhaarigen oder auch seidigen Fellträgern denkbar. Dies soll kein Anstiften für wilde Kreuzungen sein. Vielmehr zeigt es die Möglichkeiten für neue Betätigungsfelder im Rahmen des hochinteressanten Erbganges der partiellen Langhaarigkeit auf.

Zusätzlich würden die Kenntnisse aus solchen Verpaarungen oder Versuchszüchtungen auch das Grundlagenwissen erweitern und zum Verständnis beitragen. Wie die Namensgebung im Fall der Fälle dann wäre, das müsste allerdings noch genauer erörtert werden (vielleicht Zwergkaninchen-Rex-Löwenkopf?).

Ein Löwenköpfchen mit schwacher Mähne und Flankenbehaarung.

Die Rasse Löwenköpfchen

Nachdem in den vorangegangenen Kapiteln die Ursachenbeschreibung für die partielle Langhaarigkeit behandelt wurde, soll nun in diesem Kapitel das Löwenköpfchen in seiner Gesamtheit dargestellt werden. Die Abschnitte sind sinngemäß an den Standardforderungen (Stand 2011) des ZDRK angelehnt und auch teilweise so gegliedert.

Beim Erstellen der Standardforderung haben sich die Verfasser eng an den schon vorhandenen Standards beispielsweise aus den skandinavischen Ländern orientiert, was einerseits die Schaffung eines neuen Typus verhindern und andererseits den zukünftigen europäischen Gedanken in Form eines gemeinsamen EE-Standards vorgreifen sollte.

Größe und Gewicht

Mit der Eingruppierung in den Reigen der Kleinstkaninchen besitzt das Löwenköpfchen ein Gewicht von deutlich unter 2,00 kg. Der Ordnung halber soll erwähnt werden, dass der Begriff Gewicht hier im Sinne von Körpermasse verstanden werden soll und nicht im eigentlich physikalischen Zusammenhang. Vertreter dieses Größenrahmens sind, wie schon angedeutet, beispielsweise die Zwergschecken oder Zwergwidder.

Eine altersentsprechende Gewichtsentwicklung ist in der folgenden Tabelle zu finden und kann als Anhaltspunkt für eine Beurteilung des Wachstums dienen. Selbstverständlich sind dies Richtwerte, die bei

Im Jahr 2011 wurden die Standardforderungen vom ZDRK festgelegt.

mir in meiner Zucht gemessen wurden und somit Abweichungen zulassen.

Gewichtsentwicklung Löwenköpfchen	
Alter	**Gewicht**
Geburt	etwa 40 g
1 Monat	350 bis 400 g
2 Monate	650 bis 700 g
3 Monate	1000 bis 1100 g
4 Monate	1200 bis 1300 g
5 Monate	1400 bis 1500 g
6 Monate	Idealgewicht
7 Monate	Idealgewicht
8 Monate	Idealgewicht
9 Monate	Idealgewicht
10 Monate	Idealgewicht

In der Darstellung wird deutlich, dass das Löwenköpfchen eine sehr rasche Entwicklung durchläuft und in nur etwa fünf bis sechs Monaten das Normalgewicht erreicht hat. Dies bringt in mancher Hinsicht Vorteile, aber in Verbindung mit der ebenso schnellen körperlichen Entwicklung schafft es auch häufig Konflikte bei Gruppenhaltungen der Jungtiere.

Das Verhalten sollte daher gut beobachtet und es muss gegebenenfalls eingeschritten werden, da es ansonsten zu ernsthaften Verletzungen führt. Markant für die Löwenköpfchen ist auch ihre relative Frühreife. Das Erreichen des geforderten Idealgewichtes stellt demnach in der heutigen Löwenköpfchenzucht kein Problem dar. Vielmehr muss man aufpassen dass manche Tiere, vornehmlich Häsinnen, nicht das Höchstgewicht überschreiten. Um in dieser Position etwas Spielraum zu haben, wurde ein kleiner Puffer durch eine punktuelle Abstufung geschaffen, bevor das jeweilige Tier von der Bewertung ausgeschlossen wird. In der folgenden Tabelle wird die Punktevergabe gemäß Gewicht aufgezeigt. Maximal werden hier 20 Punkte vergeben.

Punktebewertung gemäß Gewicht	
Gewicht	**Punkte**
1,20 kg	17 Punkte
bis 1,30 kg	18 Punkte
bis 1,40 kg	19 Punkte
über 1,40 kg bis 1,80 kg	20 Punkte
bis 1,90 kg	19 Punkte
Höchstgewicht 1,90 kg	

Körperform, Typ und Bau

Im Gegensatz zum Hermelinkaninchen weist das Löwenköpfchen keinen kurzen und gedrungenen Rumpf auf. Vielmehr würden diese Merkmale bei einer Bewertung schon mit Punktabzug geahndet. Das Löwenköpfchen soll einen leicht gestreckten Körper besitzen. Leicht gestreckt bedeutet, dass das sonst übliche Verhältnis 1 : 1 : 3 (Körperhöhe zu Körperbreite und Körperlänge) etwas zugunsten der Körperlänge verschoben ist.

Betrachtet man die drei auf der Abbildung gezeigten Tiere, so erkennt man recht deutlich die Unterschiede in den Körperformen. Die Breite des Körpers soll dennoch von der Brust bis zum Becken gleichmäßig vorhanden sein. Die Rückenlinie soll dazu gerade verlaufen und in einer harmonischen Abrundung des Beckens enden.

Eine gut entwickelte breite Brust ist meistens ein sicheres Zeichen für ein gesundes und unversehrtes Wachstum im Jung-

Vergleich der Körperformen von Hermelinkaninchen, Löwenköpfchen und Zwergwidder.

tieralter. Denn die inneren Organe, vor allem die Lunge und das Herz, entwickeln sich mit zunehmender und ausreichender Bewegung merklich besser. Für die Breite des Beckens ist aber häufig die Stellung der Hinterläufe ausschlaggebend. Diese sollen parallel zueinander stehen.

Ein verengtes oder spitzes Becken birgt oft bei Häsinnen die Gefahr einer Komplikation beim Gebären der Jungtiere! Folglich ist dieses Kriterium sehr zu beachten.

Markant ist weiterhin, dass der Nacken bei einem Löwenköpfchen optisch kaum in Erscheinung tritt. Dies hat einerseits mit der relativ geringen Länge des Nackens zu tun und andererseits wird er durch die langen Haare der Mähne verdeckt. Diesem Umstand ist es zu verdanken, dass man beim Bewerten der Tiere nur durch das Ertasten bestimmter Körperstellen wie beispielsweise Schulter oder Brust ein qualifiziertes Urteil abgeben kann.

Da die Technik des „Ertastens“ auch bei anderen Rassen angewandt wird, stellt sie eigentlich nichts Ungewöhnliches dar, nur ist zu bedenken, dass sich die Dichte des Langhaares beim Löwenköpfchen zu anderen Rassen unterscheidet und somit vielleicht etwas weniger kraftvoll geprüft werden sollte.

Das typische Aussehen

Dieser Absatz soll kurz und knapp das Löwenköpfchen in seinem Gesamtbild beschreiben. Das erscheint mir insofern wichtig, weil bekanntermaßen es „keine zweite Chance für den ersten Eindruck“ gibt. Gemeint ist hier der erste Eindruck, den das Tier dem Betrachter bietet. Besonders bei einer Bewertung durch den Preisrichter

Dieses Löwenköpfchen hat einen sehr schönen Stand.

zählt dieser „erste Eindruck“ und fließt, wenn auch mitunter unbewusst, in die Urteilsfällung mit ein. Voraussetzung ist natürlich, dass der Preisrichter die besonderen Rassemerkmale kennt und somit ihr Zusammenspiel am lebenden Tier bewerten kann.

Betrachtet man das Foto auf dieser Seite, sieht man einen recht ansprechenden Vertreter der Löwenköpfchen. Die gute Stellung sowie der richtige Auftritt der Vorderläufe bewirken den schönen Stand des Tieres. Im Allgemeinen präsentieren sich die Löwenköpfchen ohne größere Bemühungen fast von allein und deuten damit indirekt ihr temperamentvolles, offenes Wesen an. Denn nur Tiere, die keine Scheu besitzen, zeigen sich in voller Größe.

Dem Verfasser kommt es manchmal vor, als ob die Löwenköpfchen sich ihrer Besonderheit bewusst sind und sie sich somit in bestmöglicher Pose darstellen. Ihre erhabene Haltung, bisweilen ihr Paradieren, ermöglicht es aber dem Betrachter, einen guten Blick auf ihre Rassemerkmale wie Mähne, Bart und den langhaarigen Flanken zu erhalten. Der Kopf erscheint meist kräftig, wobei die längeren Haare ringsum den Kopf diesen Eindruck verstärken.

Die ebenfalls im Gewebe kräftig entwickelten Ohren wirken darüber hinaus auch meist kürzer als sie tatsächlich sind. Auch hier wird die optische Wahrnehmung etwas durch die Langhaarigkeit getäuscht. Eine längere, wollige Behaarung auf dem ganzen Ohr ist aber nicht gewünscht, wobei im unteren Drittel es noch toleriert wird. Dies hat neben der Vermeidung einer übermäßigen Behaarung auch den Hintergrund, dass das Wohlbefinden der Tiere bezüglich ihres Wärmehaushalts nicht beeinträchtigt wird. Die Ohrmuscheln dienen dem Kaninchen nämlich als Wärmetauscher mit seiner Umgebung und eine starke Behaarung der Ohren würde den Prozess stören.

Weiterhin typisch für die Löwenköpfchen sind ihre offenen, klaren Augen. Betitelt man die Hermelinkaninchen oft mit dem Wort „Gnomenhaftigkeit“, um ihre Art und Weise zu beschreiben, so könnte man bei den Löwenköpfchen eher Begriffe wie „Keck- oder Frechheit“ wählen, denn genauso stellen sie sich für mich dar.

Fellhaar

Wird über das Fellhaar gesprochen, so ist ausschließlich der Bereich des Normalhaares gemeint. Dieser erstreckt sich über den gesamten Rücken und seitlich zwischen den Läufen. Es soll mit seiner Haarlänge zum Größenrahmen der Tiere passen. Ideal ist

Hier ist das Normalhaar auf dem Rücken gut zu erkennen.

hier eine Länge von etwa 1,5 bis 2,0 cm. Des Weiteren ist es dicht und fühlt sich infolge der feinen Grannenhaare weich an.

An dieser Stelle will ich aus eigener Erfahrung folgende Auffälligkeit zum Thema Fellhaar schildern: Besitzt ein Löwenköpfchen sehr gut ausgeprägte Rassemerkmale (Mähne, Bart usw.), so zeigt es meines Erachtens im Normalhaarbereich auch eine etwas länger überstehende Granne. Ob hier ein Zusammenhang besteht, ist weder be-

Auch seitlich zwischen den Läufen ist der Bereich des Normalhaares.

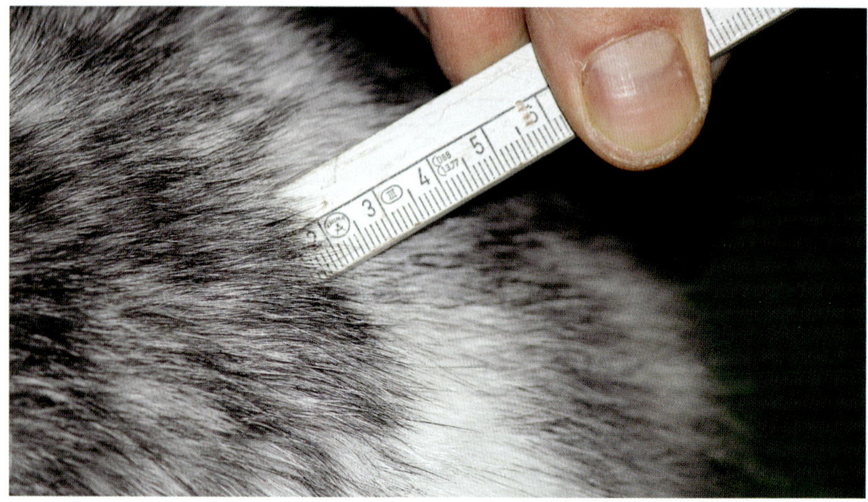

Die ideale Haarlänge beim Normalhaar beträgt 1,5 bis 2,0 cm

wiesen noch widerlegt, obgleich mir andere Züchter dies bestätigten. Für die Zukunft sollte man aber darauf achten, um dann gegebenenfalls die Standardbeschreibung dahingehend anzupassen.

Dies ist ein Beispiel für ein Löwenköpfchen mit stark behaarten Ohren.

Betrachtet man nämlich eine überstehende Granne in der Position Fellhaar als fehlerhaft oder unerwünscht und versucht nun züchterisch, diesem entgegenzuwirken, gerät man unweigerlich in einen Konflikt mit den Rassemerkmalen und dreht sich damit im Kreis.

Prinzipiell unerwünscht sind aber die schon weiter oben angesprochenen voll oder stark behaarten Ohren. Sind sie dennoch vorhanden, so werden sie hier in der Position Fellhaar beanstandet.

Weiterhin ist tunlichst darauf zu achten, dass an den Ohrenenden keine Büschelbildung auftritt. Dies wäre ein grober Fehler und würde das Tier von der weiteren Bewertung ausschließen. Auch ist ein übermäßiges Vorhandensein von Langhaar in den Normalhaarbezirken ein Fehler, der zum Ausschluss führt.

Generell bleibt die Position Fellhaar nach derzeitiger Einschätzung die Position, an welcher am meisten gearbeitet werden muss (Stand 2013). Die Fellhaardichte ist bisweilen noch recht schwach anzutreffen und sorgt somit auch für Strukturschwächen im Haar.

Kopf und Ohren

Wie bei vielen anderen Rassen gibt es auch bei den Löwenköpfchen eine gesonderte Position für Kopf und Ohren. Grundsätzlich hat eine getrennte Beurteilung zwischen Kopf und Rumpf Vor- und Nachteile. Der Vorteil liegt darin, dass die Züchter sehr gezielt an einer Verbesserung oder Erhaltung das Merkmales „Kopf und Ohr" arbeiten, wenn sich dies später in einer ganzen Bewertungsposition widerspiegelt. Der Nachteil kann aber sein, dass es eine Fokussierung auf Bewertungspositionen geben kann. Das heißt andere, vielleicht züchterisch etwas schwieriger zu bearbeitende Merkmale geraten dabei ins Hintertreffen. Dennoch unterstreicht aber ein harmonisches abgestimmtes Kopf-Ohr-Profil das gesamte Erscheinungsbild der Löwenköpfchen.

Bedingt durch die etwas längere Behaarung im Kopfbereich erscheint der eigentli-

a

b

c

d

Im Vergleich das Kopfprofil von Löwenköpfchen (a), Hermelinkaninchen (b), Zwergwidder (c) und Rexzwerg (d)

che Kopf der Löwenköpfchen relativ kräftig ausgeprägt. Die Backen und Stirn sind dabei am stärksten entwickelt, wobei die Schnauzpartie ebenfalls breit sein soll. Ein klarer Geschlechterunterschied zwischen Rammler und Häsin sollte aber augenscheinlich vorhanden sein.

Trotz allen Forderungen nach einem markanten Kopf soll die spezielle Kopfform der Typzwerge aber nicht Zuchtziel sein! Der ausgesprochene Bollenkopf wie beim Hermelinkaninchen wäre demzufolge bei einer Bewertung schon fehlerhaft. Dieser äußerliche Unterschied zum vorhandenen Zwergentypus ist ein wesentlicher Bestandteil des eigenständigen Charakters der Löwenköpfchen und soll gleichzeitig einem „gleichmachen“ oder „vereinheitlichen“ unter den Rassen verhindern. Neben der Beurteilung des Kopfes werden in dieser Position auch die Ohren hinsichtlich Länge, Beschaffenheit und Struktur bewertet. Die Länge wird mit einem handelsüblichen Ohrenmessstab ermittelt. Dazu setzt man den Messstab mittig zwischen den Ohren auf dem Kopf an und legt seitlich das Ohr an die Längenskala. Die ideale Länge für die Ohren der Löwenköpfchen liegt bei 6,5 bis 7 cm. Mit dieser Länge erscheint das Kopf-Ohr-Verhältnis wohlproportioniert und steht noch in guter Beziehung zum restlichen Körper. Bei einem noch kürzeren Ohr und zugleich starker Mähnenbehaarung kann es nämlich passieren, dass sich die Ohren nicht mehr optisch herausstellen können und damit das Gesamtbild nachhaltig beeinträchtigen.

Inwieweit die Sinneswahrnehmung, also das Hörvermögen, durch einen übervollen Kopfschmuck (Stirnbehaarung, Mähne) mit gleichzeitig sehr kurzen Ohren beeinflusst wird, kann an dieser Stelle nicht geklärt werden. Um die gewünschte Ohrlänge aber zu festigen und Übertreibungen zu vermeiden, würden bei einer Punktbewertung Tiere mit einer Ohrlänge von unter 5,5 cm bzw. über 8,0 cm ausgeschlossen. Geringe Abweichungen in der Länge werden jedoch toleriert und mit leichten Punktabzügen bedacht.

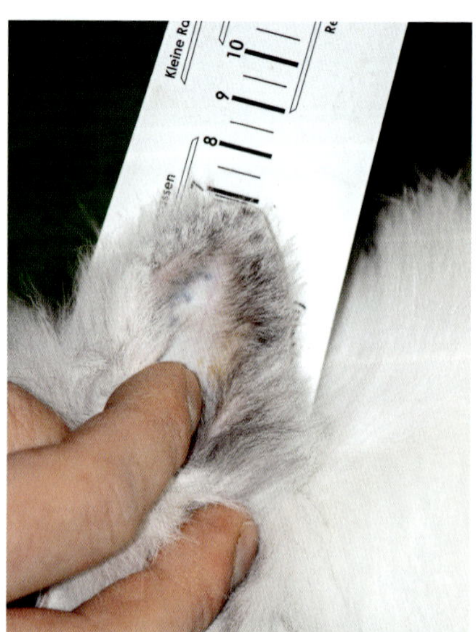

So wird die Ohrlänge ermittelt.

Ein Löwenköpfchen weiß, Blauauge, mit einer etwas breiten Ohrenhaltung.

Aus meinen Erfahrungen kann ich sagen, dass sich in den meisten Zuchten Ohrlängen zwischen 6,0 cm und 7,5 cm eingependelt haben (Stand 2013).

Wie weiter oben schon angesprochen wird auch die Struktur des Ohrengewebes in dieser Position bewertet. Grundsätzlich zeigen Löwenköpfchen ein recht stabiles Ohrengewebe meist auch in Verbindung mit einer recht guten Haltung, die leicht V-förmig sein soll. Stellenweise sind jedoch Tiere anzutreffen, die eine recht breite Ohrenhaltung zeigen. Solche Tiere besitzen meist ein etwas längeres Ohr mit einer ausgesprochen kräftigen Ohrenstruktur.

Genauso wie die breite Ohrenhaltung so sind auch faltige, dünne oder am Ende sehr spitze Ohren nicht erwünscht und werden entsprechend der Stärke geahndet.

Momentan ist meines Erachtens die Position „Kopf und Ohren" mit einer der stärksten Positionen bei den Löwenköpfchen. Anders ausgedrückt: Behält man die Länge der Ohren im Augenschein, so halten die anderen Anforderungen nicht allzu viel züchterische Arbeit bereit. Sicher kommt hier das Erbe mancher Farbenzwerge zum Vorschein, die in der Vergangenheit zur Reduzierung des Größenrahmens eingekreuzt worden sind. Dies ist auch nicht weiter bedenklich, insofern die oben angesprochenen körperlichen Unterschiede zukünftig erhalten bleiben.

Bart, Stirnbüschel, Mähne und Rumpfvlies

Diese Position stellt die eigentliche „Königsposition" der Löwenköpfchen dar. Hier werden sämtliche Merkmale, die unter der Wirkung der partiellen Langhaarigkeit hervortreten, beurteilt. Nachfolgend sollen die einzelnen Merkmale Bart, Stirnbüschel, Mähne (Brustmähne) und das Langhaar an den Flanken, das sogenannte Rumpfvlies, näher beschrieben werden. Durch die relativ große Anzahl von Einzelmerkmalen fordert diese Position vom Preisrichter sehr viel Feingefühl und Verständnis bei der Bewertung.

Die längere Behaarung im Backenbereich wird als Bart bezeichnet.

Bart und Stirnbüschel

Als Bart wird die längere Behaarung im Bereich der Backen bezeichnet. Sie beginnt ungefähr auf Höhe der Ohren und verläuft bis zur Schnauzpartie. Die Länge des Haares kann durchaus von Tier zu Tier variieren, beträgt aber durchschnittlich 5 bis 6 cm, wobei das Haar aber nicht gemessen wird. Idealerweise geht das lange Barthaar im

Bereich des Ohrenansatzes fließend in die Stirn- oder Kopfbehaarung über.

Ebenso fließend soll der Übergang hin zur Brustmähne sein. Da die Stirnbehaarung in der Region des Ohrenansatzes verläuft, erfasst sie häufig das untere Drittel der Ohren mit. Dies ist kein Fehler, wobei die Haarlänge bei Weitem nicht die Länge der Stirnbehaarung aufweist. Diese längere Behaarung unterstützt somit optisch den Übergang von Normal- zum Langhaar. Würden die Ohren bis zur Spitze mit langen Haaren besetzt sein, so müsste dies auch in der Position 3 „Fellhaar" kritisiert werden!

Kritikpunkt hier in Position 5 wäre beispielsweise ein zu voller Kopfschmuck, welcher die Augen verdeckt und somit das Sichtfeld der Tiere einschränkt. Dem gegenüber steht als Kritikpunkt eine schwache Ausprägung von Bart und Kopfbehaarung. Schon anhand der zwei vorangegangenen Sätze erhält man einen Eindruck, welche Schwierigkeit es darstellt, den „goldenen Mittelweg" zu finden und welche Varietät die Merkmale beherbergen.

Brustmähne und Flankenbehaarung

Die Brustmähne befindet sich, wie der Name schon sagt, auf dem Bereich der gesamten Brust einschließlich der oberen Teile der beiden Vorderläufe bis zu den Schulterblättern. Bei Tieren mit einer starken Mähne kann durchaus der Nackenkeil mit eingeschlossen sein.

Die Mähne als auffallendstes und hervorstechendstes Merkmal umschließt folglich den ganzen Kopf. Die Mähnenhaare sind mit etwa 6 cm Länge die längsten Haare am ganzen Körper. Bedingt durch ihre feine und wollige Haarstruktur entsteht der Eindruck, als ob sich das Fellhaar regelrecht aufplustert oder sträubt, und stellt damit wohl das imposanteste Rassemerkmal der Löwenköpfchen dar.

Dieses Löwenköpfchen hat eine sehr ausgeprägte Nackenbehaarung.

Dies ist eine ausgeprägte Flankenbehaarung.

Die letzte noch nicht beschriebene langhaarige Körperzone, das Rumpfvlies oder die Flankenbehaarung (Letzteres nach meiner Meinung in der Bezeichnung treffender), erstreckt sich rings um das Becken bis knapp vor den Hinterläufen.

Zwischen der Mähne in der vorderen Körperhälfte und der Flankenbehaarung soll ein kleiner normalhaariger Bereich vorhanden sein. Der grundlegende Hintergedanke daran ist, dass dadurch eine übertriebene Langhaarigkeit, die beispielsweise in

Eine durchgehende Flankenbehaarung wie hier kann bei Alttieren zum Ausschluss führen.

Richtung des Rückens der Tiere verlaufen kann, etwas eingedämmt bleibt.

Die lange Flankenbehaarung setzt sich deutlich vom Normalhaar ab, wobei die Länge der Mähne nicht erreicht werden muss. Eine Besonderheit gibt es aber in Verbindung mit der Flankenbehaarung, denn es kommt hin und wieder vor, dass Jungtiere eine durchgehend langhaarige Flankenbehaarung aufweisen. Hat sich dies aber bis zu einem Alter von ungefähr vier Monaten wieder verloren, so liegt kein Fehler vor. Gerade solche Tiere zeigen im Erwachsenenalter häufig sehr gut ausgeprägte Rassemerkmale. Ist allerdings die lange Flankenbehaarung bei Alttieren noch vorhanden, so führt dies zum Ausschluss.

Weitere schwere Fehler in dieser Position wären das vollkommene Fehlen von einzelnen Merkmalen sowie eine starke Filzbildung als Ergebnis einer Strukturschwäche im Bereich der Langhaarigkeit.

Entwicklung der Rassemerkmale

Aufgrund der schon weiter oben angesprochenen Besonderheit in puncto „mit Keil geboren“ kann man recht früh erkennen, inwieweit die spätere Ausprägung von Mähne, Bart, Stirn- und Flankenbehaarung sein wird. Tiere mit reinerbigem Mähnenfaktor **(MM-Tiere)** zeigen bereits ab dem ersten Lebenstag den „Keil“.

Noch mal zur Erinnerung: Betrachtet man das Jungtier von oben, so verläuft das bereits vorhandene Fellhaar in Form eines Keils breit beginnend von den Schultern bis zur Blume und endet dort spitz. Die Bereiche des späteren Langhaares sind zu diesem Zeitpunkt noch nicht behaart.

Am sichtbarsten ist die Ungleichheit der Haarlängen im Alter von fünf bis sechs Tagen. Danach setzt das Wachstum der Haare in den Langhaarregionen mit bemerkenswerter Geschwindigkeit ein und im Alter von etwa 15 Tagen ist dann der Unterschied meist nur noch an der Schnauzpartie er-

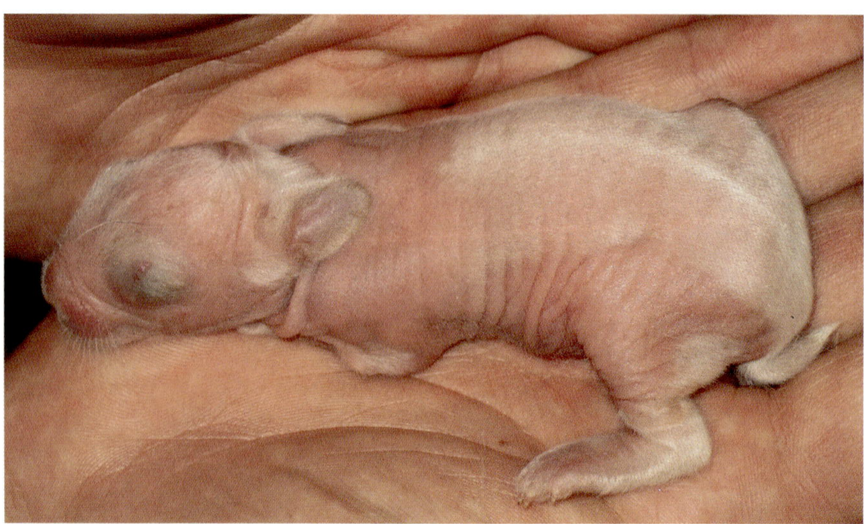

Bei diesem einen Tag alten Tier erkennt man schon den „Keil“.

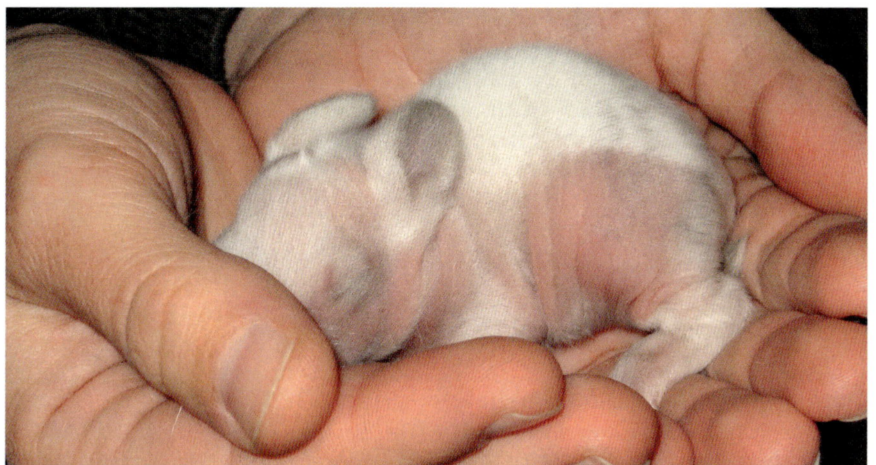

Bei diesem fünf Tage alten Tier sieht man gut die Ungleichheit der Haarlängen.

Im Alter von 15 Tagen erkennt man den Unterschied der Haarlängen nur noch an der Schnauzpartie.

kennbar. Denn die zukünftigen langen Haare sind dann etwa genauso lang wie das spätere Normalhaar.

In den darauffolgenden Wochen erkennt man dann wieder sehr gut die unterschiedlichen Haararten, denn da hat sich das Langhaar schon deutlich abgegrenzt.

Mit allen diesen Eigenarten erhält man als Züchter den Eindruck, als könnte man dem Löwenköpfchen beim Erwachsenwerden gewissermaßen zusehen. Diesem Umstand ist es auch sicherlich zu verdanken, dass von den Löwenköpfchen ein ganz besonderer Reiz ausgeht und die Arbeit mit diesen Tieren fesselt und begeistert.

Zurzeit (Stand Zuchtjahr 2013) ist einzig und allein der rhönfarbige Farbenschlag bei den Löwenköpfchen zugelassen. Grund ist, wie weiter oben schon angesprochen, dass sich die Züchter bei der Beantragung der Löwenköpfchen als Neuzüchtung beim ZDRK auf einen Farbenschlag einigen mussten. Diesen Farbenschlag galt es vorerst zu festigen.

Als Demonstrationsobjekt für züchterische Arbeit bot sich der rhönfarbige Farbenschlag ohnehin an, besitzt er doch gleich zwei rezessive Allelenpaare (a^{chin} und b_j), die das typische Farb- bzw. Zeichnungsbild ermöglichen.

Waren anfänglich vermehrt Tiere mit unsauberer Grundfarbe verbreitet, so hat dies entschieden nachgelassen und die Farben sind bei den heute gezeigten Tieren klar und rein. Hier hat sich eine konsequente Selektion der betreffenden Tiere ausgezahlt.

Neben der grauschwarzen Zeichnungsfarbe und der reinweißen Grundfarbe verlangt der rhönfarbige Farbenschlag hornfarbige Krallen. Vereinzelt wird diese Forderung aber noch nicht ganz erfüllt, sodass man zukünftig dahingehend noch mehr darauf achten sollte.

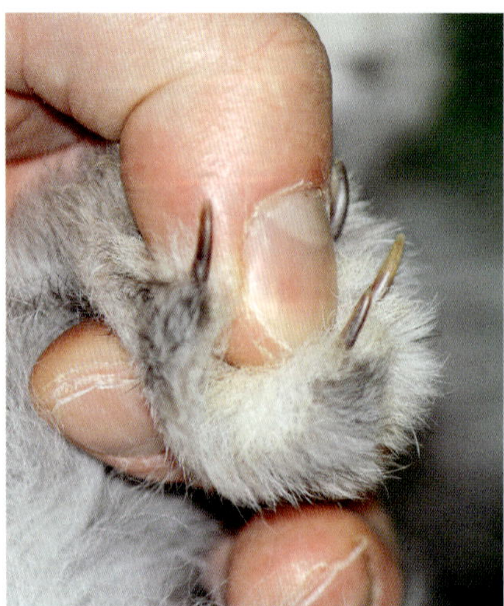

Bei diesem rhönfarbigen Löwenköpfchen sind die Krallen sehr gut pigmentiert.

Bei den Anforderungen an das Zeichnungsbild gilt sinngemäß der Wortlaut der Rhönkaninchen. Erfreulicherweise macht die Zeichnung wenig Sorgen, ja sie überrascht sogar manchen skeptischen Züchter immer wieder durch ihre Makellosigkeit. Die Zeichnung soll dem farblichen Aussehen eines Birkenstammes entsprechen. Wie bei der Birke soll das Weiß der Grundfarbe überwiegen.

Die Zeichnung besteht aus Flecken, Streifen und Spritzern, die als graue bis schwarzgraue Zeichnung über den ganzen Körper verteilt sein müssen. Solche Farbausbildung fordert der Standard auch für den Kopf, die Ohren und die Läufe.

Das Fehlen von Farbflecken an einem Ohr oder an beiden Vorderläufen gilt als leichter Fehler. Fehlende Farbflecken am Kopf oder an beiden Ohren sind aber durch Ausschluss von der Bewertung zu strafen. So einfach die Zeichnung auf den ersten Blick erscheint, so anspruchsvoll ist sie in ihren Einzelheiten.

Bei der Bewertung dieser Position (Position 6 nach gültiger Rassebeschreibung) muss nun neben der Zeichnung auch noch die Zeichnungsfarbe gewertet werden. Erschwerend kommt hinzu, dass es in dieser Position nur 10 Punkte zu vergeben gibt.

Zum Vergleich: Beim Rhönkaninchen stehen für Zeichnung und Farbe 15 bzw. 10 Punkte in zwei gesonderten Positionen zur Verfügung. Dieser Situation ist es manchmal geschuldet, dass ein Tier mit etwas verschwommenem Zeichnungsbild und einer kräftigen Farbe beispielsweise genauso bewertet wird wie ein Tier, welches eine bes-

Ein rhönfarbiges Löwenköpfchen mit einer etwas helleren Zeichnung.

sere Zeichnung besitzt, dafür aber in der Intensität der Zeichnungsfarbe schwächer ist.

Für den Nichtkenner der Rhönzeichnung erscheint dann diese Punktvergabe häufig seltsam und wunderlich. Gerade deshalb ist es wiederum erstaunlich, in welcher Güte Zeichnung und Farbe bei den rhönfarbigen Löwenköpfchen momentan vorhanden sind. Bei der Beurteilung der Farbintensität (wie bei der Zeichnungsfarbe) ist aber unbedingt

Dieses Löwenköpfchen hat eine sehr gute Zeichnung.

Das Löwenköpfchen in der Farbe Weiß mit blauen Augen wird ab 2014 als Neuzüchtung wohl anerkannt werden.

darauf zu achten, dass die Farbe bedingt durch das lange Haar in den Langhaarzonen etwas verblasst und bisweilen in einem Pastellton erscheint. Dieser Umstand ist völlig normal, verdient aber Beachtung bei der Bewertung.

Bei der Vielzahl der Farbenschläge unter den heutigen Kaninchenrassen ist es eigentlich nur eine Frage der Zeit, wann sich die anderen Farben dazugesellen werden, zumal alle Farben und Zeichnungen, zu denen es eine Ursprungsrasse bzw. eine konkrete Beschreibung gibt, im Europastandard bereits zugelassen sind. Hier ist dann trotz allen europäischen Zukunftsvorstellungen das Denken oft ziemlich national eingestellt.

Erfreulicherweise gibt es aber immer wieder Enthusiasten und Idealisten, die diesem Umstand entgegnen wollen und zusammenarbeiten. Dies ermöglichte es, dass sich ab dem Zuchtjahr 2014 die Löwenköpfchen in der Farbe Weiß mit blauen Augen in den Reigen der Neuzüchtungen eingruppieren werden. Auch bestehen derzeit Bemühungen, die Löwenköpfchen im Farbenschlag japanerfarbig zur Anerkennung zu bringen.

Der Verfasser ist sich an dieser Stelle ziemlich sicher, dass in den nächsten Jahren noch mehr Farbenschläge bei den Löwenköpfchen züchterisch bearbeitet werden und die Rasse dadurch in ihrer Beliebtheit enorm ausbauen kann. Vielleicht erfahren die Löwenköpfchen ähnliche Verbreitung und Vielfalt wie momentan die Zwergwidder. Zu wünschen wäre es ihnen allemal!

Zucht der Löwenköpfchen

Will man die aktuelle Löwenköpfchenzucht in ihrem Zuchtablauf treffend beschreiben, so wären die Attribute „unkompliziert“ und „anspruchslos“ meiner Meinung nach ziemlich treffend. Denn grundsätzlich werden die Löwenköpfchen nach meinen Erfahrungen mühelos tragend, bauen erstklassige Nester und ziehen ihre Jungtiere auch problemlos auf.

Regelrecht erstaunt ist man über das Aufzuchtvermögen mancher Löwenhäsin, denn sechs oder mehr Jungtiere pro Wurf sind durchaus möglich, ohne dass die Häsin dadurch eine körperliche Beeinträchtigung erfährt. Ihre ausgesprochene Frohwüchsigkeit wurde ja schon mehrfach angesprochen.

Der einzige Zeitpunkt, in dem der Züchter aktiv gefordert wird, ist dann, wenn die Jungtiere die Augen öffnen. Dies erfolgt wie bei allen anderen Rassen um den 10. Lebenstag. Es scheint so, dass die Löwenköpfchen vermehrt mit verklebten Augenlidern zu dieser Zeit zu kämpfen haben.

Eine mögliche Ursache könnte in dem einsetzenden Haarwachstum von Bart, Mähne und Stirn zu finden sein. Durch die freie Wachstumsrichtung einzelner Haare kann es passieren, dass es zu Kontakt zwischen Barthaar und Augenlidern kommt und damit das Öffnen des Auges erschwert oder gehindert wird. Tritt der Fall ein, so ist das beste Mittel, mit der Schere vorsichtig die erste Reihe der Wimpern rings um das Auge zu kürzen.

Bleiben die verklebten Augenlider aber unbemerkt und wird nichts dagegen unternommen, kann sich das Auge aufgrund fehlender Lichteinwirkung nicht vollständig entwickeln und eine spätere Sehschwäche oder Erblindung ist dann die Folge. Zuvor sollten aber mithilfe von warmem Wasser eventuelle Verklebungen oder Sekretreste in diesem Bereich entfernt werden. Liegt bereits eine Entzündung am Auge vor, helfen meist handelsübliche Augentropfen bei der Behandlung.

Löwenköpfchen ziehen ihre Jungtiere ohne Probleme auf.

Der ebenfalls schon angesprochenen Robustheit der Löwenköpfchen ist es auch sicherlich zu verdanken, dass die Aufzuchtphase nach dem Absetzen von der Mutter meist reibungslos abläuft. Zwischen dem 2. und 4. Lebensmonat, also während der ersten großen Umhaarung, entwickeln sich auch die Rassemerkmale zusehends. Somit kann man zu diesem Zeitpunkt schon relativ gesicherte Annahmen treffen und die erste „Spreu vom Weizen" trennen.

Durch ihre teils augenscheinliche Lebhaftigkeit sollte der Züchter die Jungtiere, welche sich in Gruppenhaltung befinden, immer genau beobachten. Nicht selten vertragen sich manche Tiere „über Nacht" nicht mehr und sorgen so für Unruhe in der Gruppe. Kann man den betreffenden Störenfried lokalisieren, empfiehlt es sich, diesen aus der Gruppe zu entfernen und zu separieren. Meist sind es zuerst die am besten entwickelten Jungrammler, die für den Streit verantwortlich sind.

Wie in jeder planmäßigen Zucht sollen sich die beiden Partner möglichst in ihren Vorzügen ergänzen. Das ist bei den Löwenköpfchen nicht anders. Tiere, welche die gleichen Fehler besitzen, sollten auch nicht miteinander verpaart werden. Vornehmlich trifft das auf die besonderen Rassemerkmale zu. So sollte man beispielsweise nicht Tiere mit einer schwachen Mähnenausprägung miteinander verpaaren. In der Nachkommenschaft würde das nämlich die Bildung dieses Merkmals noch zusätzlich schwächen.

Genauso verhält es sich mit dem Größenrahmen der Tiere. Dieser lässt sich relativ früh gut abschätzen, denn bekanntermaßen steht die Körpergröße in einem Verhältnis zur Ohrlänge. Die Ohrlänge wiederum ist etwa im Alter von zwölf Wochen in ihrer Entwicklung abgeschlossen. Später entwickelt sich meist nur noch die Ohrenstruktur, also das Ohrengewebe, in seiner Festigkeit.

Als Faustformel nimmt man 1:4 als Verhältnis zwischen Ohrlänge und Körperlänge an. Somit ergibt sich bei einer idealen Ohrlänge von 6,5 bis 7 cm eine Körperlänge, welche aber bei einer Bewertung nicht gemessen wird, von unter 30 cm. Löwenköpfchen, die diese Anforderungen erfüllen, haben meist ein Gewicht um die 1,6 kg. Großrahmige Löwen liegen dagegen häufig am oberen Limit und pendeln sich bei 1,9 kg oder darüber ein. Ihre Ohren sind auch deutlich länger, sodass sie meist das Maß von 7,5 bis 8 cm erreichen.

Auch hier gilt, dass man solche großrahmigen Löwen nicht unbedingt verpaaren sollte. Nicht selten wird diesen „Großen" dann vor der Ausstellung eine strenge Diät verordnet, um sie noch im Rahmen zu halten. Den übrigen Bewertungspositionen und hier besonders der Körperform tut dies allerdings nicht gut, von der tierschutzrelevanten Seite der Prozedur gar nicht zu sprechen.

Vielmehr sollte durch den gezielten Einsatz von Zuchttieren dieses Problem beseitigt werden. Das Argument, größere Häsinnen bekommen mehr Jungtiere, ist hier auch nicht angebracht, da haltlos. Denn Häsinnen mit einem Gewicht um die 1,6 kg stehen in diesem Punkt keinesfalls ihren größeren Schwestern nach.

Gerade bei typmäßig eher kleinen Tieren sollte der Zeitpunkt des ersten Belegens nicht zu spät sein. Denn liebend gern setzen die Löwinnen ein paar Gramm zu viel an. Ideal finde ich es, wenn der Zuchtbeginn um den 6. Lebensmonat liegt. Dies ist auch für die Tiere vorteilhafter, denn die körperliche Entwicklung ist vollkommen abgeschlossen und die Konstitution der Häsin ist meines Erachtens auf ihrem Optimum. Rammler dagegen zeigen stellenweise bereits ab dem 4. Lebensmonat eindeutige Deckversuche. Somit sei noch mal gewarnt vor übertrieben langer Gruppenhaltung der Jungtiere, ohne dass der Rammler beim Tierarzt vorstellig geworden ist. Auch die Löwenköpfchen kennen diesbezüglich keine Moral und sind für manche Überraschung gut.

Haltung und Fütterung

Mit einem Gewicht deutlich unter 2,0 kg gehören die Löwenköpfchen ja zu den Kleinstrassen (siehe Zwergrassen). Laut TVT Merkblatt 78 sollten jedem Kaninchen, welches in diesem Gewichtsrahmen zu finden ist, eine Grundfläche von 4500 cm² bzw. Buchtenmaße von 65 cm Breite und 70 cm Tiefe zur Verfügung stehen. Diese Maße sind als Richt- und Mindestmaße zu verstehen. Hier gilt natürlich weiterhin die Devise „Mehr schadet nicht!"

Die passende Einrichtung

Ein erhöhtes Sitzbrett fördert die Bewegung und zugleich den Muskelaufbau. Für eine säugende Häsin dient es zusätzlich als Rückzugsmöglichkeit. Achten sollte der Züchter allerdings darauf, ob das Sitzbrett als Toilette benutzt wird. Ist dies der Fall, kann man die Sitzfläche durch einen perforierten Boden (Kunststoffrost) ersetzen oder eventuell das Brett leicht neigen. Verspricht all das keine Besserung, bleibt nur noch der Abbau des Brettes oder das Umsetzen des betreffenden Tieres.

Wie bei allen anderen langhaarigen Kaninchenrassen ist auch beim Löwenköpfchen auf möglichst glatte Wände in den Buchten zu achten. Der Grund dafür ist der, dass an allen hervortretenden Stellen wie Holzspänen, Holzrissen, Nagelenden

Die Langhaarigkeit der Löwenköpfchen muss bei der Unterbringung berücksichtigt werden.

oder auch an defekten Drahtgittern die Tiere einfach hängen bleiben und so die langen Haare herausgerissen werden. Neben der allgemeinen Verletzungsgefahr birgt dies auch das Risiko einer Kahlstelle, die bei einer Bewertung zum Ausschluss führt.

Des Weiteren sind der Stallboden und die Einstreu zu beachten. Bedingt durch ihren hervorragenden Mutterinstinkt gräbt die Häsin im Laufe der Trächtigkeit nicht selten den gesamten Stall um, bis quasi das unterste noch oben kommt. Durch das Graben und Scharren gelangt sie dann unweigerlich auf den Boden des Stalles und versucht ihn förmlich „durchzugraben". Weist der Stallfußboden nun ebenfalls lose Stellen oder einen schadhaften Belag auf, kann es zu Verletzungen der Pfoten und Krallen kommen. Auch ein Herausreißen der Krallen ist möglich.

Fellpflege

Befinden sich während der Jungtieraufzucht mehrere Jungtiere zusammen in einer Bucht, so sollte der Züchter darauf achten, dass kleinere Filzstellen in den Langhaarzonen möglichst schnell entfernt werden. Entstehen tun sie meistens, wenn die Tiere engen Kontakt miteinander haben, wie etwa beim Übereinanderspringen und -liegen. Dabei werden die langen Haare regelrecht ineinander verworren und lösen sich nur sehr schwer wieder voneinander.

Auch sollten die Heuraufen nicht zu hoch angebracht sein. Befinden sie sich nämlich sehr hoch, so muss das Löwenköpfchen sich leicht aufrichten und die kleinen herunterfallenden Bestandteile aus dem Raufutter können in der Mähne hängen bleiben und diese verfilzen. Ebenso sollte bei Grünfutter, welches möglicherweise nass oder feucht gereicht wird, darauf geachtet werden, dass es nicht zu sehr in den langen Haaren hängen bleibt.

Falls doch einmal kleine Filzstellen entstanden sind, müssen diese rasch ausgekämmt werden, bevor sie zu groß werden. Bei wirklich großen Filzstellen hilft meist nur noch das Abschneiden der betroffenen Haare.

Richtige Fütterung

Zum Thema Fütterung stellt das Löwenköpfchen keine besonderen Anforderungen. Allerdings soll die Kraftfuttergabe wie bei allen anderen Kleinst- und Zwergrassen nicht übermäßig ausfallen. Wenn man mit der Vorgabe von 30 g Kraftfutter pro Kilogramm Lebensgewicht rechnet, kommt man bei einem ausgewachsenen Löwen auf rund 50 g am Tag.

Zum Vergleich: Ein 8 kg schwerer Riese frisst am Tag rund 250 g Kraftfutter. Treibt man diesen Vergleich weiter, so lässt sich sagen, dass man mit dem Futter für einen Riesen ungefähr vier bis fünf Löwenköpfchen ernähren kann. Und das ist schon eine stolze Anzahl. Als „Sättigungsbeilage" ist das Heu ja sowieso obligatorisch und der Zugang zu frischem Trinkwasser sollte heutzutage gar kein Thema mehr zur Diskussion bieten.

Überjährige Häsinnen in der Zuchtruhe beispielsweise füttere ich während der Grünfutterzeit zum Großteil nur mit Grünfutter. Dies beugt zugleich einer Verfettung der Häsin vor und ist ökonomisch fast unschlagbar. Angst vor einer möglichen Unterversorgung braucht man nicht zu haben, denn im Vergleich zum Wildkaninchen, welches in den Sommer-

Hier der Vergleich von 250 g (links) und 50 g (rechts) Kraftfutter.

monaten ja ausschließlich Grünfutter zu sich nimmt, hat das Löwenköpfchen ja noch mal rund 1 kg weniger Lebendmasse. Und von einer Mangelernährung beim Wildkaninchen kann man sicher nicht sprechen.

Selbstverständlich ist das Löwenköpfchen auch über jede Gabe von frischem Saftfutter wie Gemüse und Obst dankbar. Aber auch hier gilt wieder einmal die alte Binsenweisheit: „Weniger ist manchmal mehr".

Dass eine Häsin aber in der Säugeperiode einen erhöhten Futterbedarf hat, ist sicherlich jedem klar und sollte bei der Fütterung auch beachtet werden. Hier sollte man nicht auf das Kraftfutter verzichten, da wie weiter oben schon beschrieben die Jungtieranzahl meist recht stattlich ist.

Ein Löwenköpfchen Punktschecke, schwarz-weiß und ein wildfarbenes Löwenköpfchen.

Löwenköpfchen international

Die Löwenköpfchenzucht wird seit mehreren Jahren in verschiedenen Ländern betrieben. Besonders intensiv beschäftigen sich beispielsweise die USA und die skandinavischen Länder damit. Vergleicht man die nachfolgenden Standards miteinander, so fällt einem auf, dass es mitunter eine andere Gewichtung der Positionen gibt.

Beispielsweise sieht der amerikanische Standard allein 35 Punkte für das Rassemerkmal Mähne vor! Generell wird in den Nachbarländern vermehrt auf die rassespezifischen Merkmale Wert gelegt.

Amerikanischer Standard (ARBA; Theresa Mueller)	
General Type (Typ)	**40**
Body (Körper)	25
Head (Kopf)	10
Ears (Ohren)	5
Fur (Pelz)	**45**
Mane (Mähne)	35
Coat (Fell)	10
Color (Farbe)	**10**
Condition (Kondition)	**5**
Total (Gesamtpunktzahl)	100

Deutlich erkennbar ist hier, wie viel Wert auf den ausgeprägten Typ sowie die Rassemerkmale gelegt wird. Die Position Farbe ist eher von untergeordneter Wichtigkeit. Auch ist interessant, dass die Position Typ und Pelz noch mal untergliedert ist, um so spezifischer auf Einzelmerkmale einzugehen.

Englischer Standard (British Rabbit Council)	
Type (Typ)	25
Mane/Chest (Mähne/Brust)	30
Coat (Fell)	25
Colour (Farbe)	10
Condition (Kondition)	10
Total (Gesamtpunktzahl)	100

Auch hier gibt es wieder eine große Punktespanne für Typ und Rassemerkmale, allein 55 Punkte für diese Positionen. Zusätzlich aber vergibt dieser Standard 25 Punkte nur für das Fell.

Norwegischer Standard	
Vekt (Gewicht)	5
Rasepreg og presentasjon (Rassetyp und Präsentation)	10
Kroppsform (Körperform)	20
Pelsens tetthet (Felldichte)	10
Pelsens kvalitet (Fellqualität)	10
Manke (Mähne)	20
Farge og tegning (Farbe)	20
Kondisjon og pleie (Kondition)	5
Sum poeng (Gesamtpunktzahl)	100

Gegenüber dem amerikanischen und englischen Standard besitzt der norwegische Standard genau wie der Europastandard eine eigene Position für das Gewicht. Zweckmäßig ist meines Erachtens hier aber die maximal zu erreichende Punktzahl von 5 Punkten. Somit wird diese Position nicht überbewertet und gleichzeitig werden andere Positionen mehr betont bzw. man kann in den einzelnen Positionen eine bessere und gezieltere Abstufung erreichen.

Der Europastandard

Neben den vorangegangen Bewertungsspiegeln einzelner Länder soll selbstverständlich auch der derzeitig gültige Europastandard (EE-Standard) angesprochen werden. Bei der redaktionellen Ausarbeitung des Bewertungstextes für den EE-Standard ist versucht worden, aus der Vielzahl der schon vorhandenen Standards einen allgemeingültigen zu erreichen, der einen bestmöglichen Kompromiss darstellt, auch sicher mit dem Ziel, die anderen einmal zu ersetzen.

Wie im gesamten EE-Standard üblich steht bei jeder Rasse als erste Bewertungsposition Typ, Körperform und Bau gefolgt vom Gewicht. Ob die Reihenfolge der Positionen auch gleichzeitig eine Art Bedeutung oder Wertigkeit suggerieren soll, kann hier nur vermutet werden.

Wer sich den EE-Standard ansieht, wird aber leicht feststellen dass es große Parallelen zum gültigen deutschen Standard gibt. Der Grund für die starke inhaltliche Nähe der beiden Standards ist einfach zu erklären, denn die Ausarbeitung der Texte geschah fast zeitgleich und da das „deutsche" Löwenköpfchen bis dato ja noch keine eigene deutsche Rassebeschreibung besaß, wurde „in weiser Voraussicht" der EE-Text als Grundlage genommen, was auch absolut richtig war.

Dennoch sind Unterschiede vorhanden, beispielsweise sind die Platzierungen der Positionen 1. und 2. vertauscht. Der wohl größte Gegensatz aber findet sich bei den anerkannten Farbenschlägen. Hier sagt der EE-Standard Folgendes:

„Anerkannt sind die Farbenschläge Wildgrau, Hasengrau, Dunkelgrau, Eisengrau, Chinchillafarbig, Hasenfarbig, Blaugrau, Braungrau, Dunkelblaugrau, Dunkelbraungrau, Fawn, Gelb, Schwarz, Blau, Braun (Havanna), Beige, Madagaskar (Thüringerfarbig), Isabell, Weiß mit roten oder blauen Augen. Anerkannt sind auch Zeichnungen, Abzeichnungen und Silberungen, solange sie für die anderen Rassen anerkannt sind."

Der Hintergrund für die große Anzahl der Farbenschläge ist sicherlich in der Vereinigung vorhandener Standardtexte der anderen Länder. Warum nun nicht die gesamten Farbenschläge für Züchter im ZDRK freigegeben sind, darüber will ich hier an der Stelle nicht urteilen. Bedenken sollte man aber immer: Erst ein genügend großes Züchterumfeld kann die Rasse bzw. den Farbenschlag voranbringen. Ansonsten wird sicherlich unbeabsichtigt oft mehr Schaden angerichtet, als dass man Gutes tut.

Europa-Standard	
Position	**Punkte**
1. Typ, Körperform und Bau	20
2. Gewicht	10
3. Fellhaar	20
4. Kopf und Ohren	15
5. Bart, Stirnbüschel, Mähne, Rumpfvlies	15
6. Farbe	15
7. Pflegezustand	5
	100

Zahlen und Fakten der Löwenköpfchenzucht im ZDRK

Das letzte Kapitel des Buches soll versuchen, eine kurze Bilanz unter dem bisher in der Löwenköpfchenzucht Erreichten zu ziehen. Der Startschuss gewissermaßen war im Februar 2011. Damals reichten sechs Züchter den Antrag auf „Zulassung einer Neu- bzw. Nachzüchtung" bei der ZDRK-Standardkommision schriftlich ein. Dieser wurde nach sorgfältiger Prüfung bewilligt und die wirkliche Arbeit der Züchter konnte damit beginnen.

Neben der reinen Zuchtarbeit verrichteten die Protagonisten eine überaus erfolgreiche Öffentlichkeitsarbeit, sodass die Anzahl der registrierten Zuchten bis zum Jahresende 2011 um weitere zwölf auf insgesamt 18 Zuchten anstieg. Dieser positive Trend setzte sich über das gesamte darauffolgende Jahr 2012 fort und so war die Zahl der Neuzuchten Ende 2012 auf 37 gestiegen. Ein großer Durchbruch gelang dann im Zuchtjahr 2013, in dem weitere 15 Anträge eingereicht wurden und man damit die Schwelle 50 bezwang.

Derzeit (Stand Oktober 2013) beschäftigen sich folglich 53 Züchter in 14 Landesverbänden des ZDRK mit der Löwenköpfchenzucht. Ihrer beispielgebenden Verbreitung ist es schließlich zu verdanken, dass die Löwenköpfchen einen Spitzenplatz unter allen momentanen vorhandenen Neuzüchtungen einnehmen.

Dass die Löwenköpfchenzüchter auch sehr ausstellungsfreudig sind, belegen folgende Zahlen. Als Premiere kann man zu Recht die Bundesschau 2011 in Erfurt ansehen. Hier standen 15 Löwenköpfchen, rhönfarbig aus vier Landesverbänden. Es konnten 4-mal sg5, 4-mal sg4, 5-mal g2 und 2-mal g1 vergeben werden. Besonders hervorzuheben ist, dass kein Tier von der Bewertung ausgeschlossen werden musste.

Zur Europaschau 2012 in Leipzig konnte sogar eine richtige Punktbewertung durchgeführt werden. Bei Europaschauen zählt nämlich der Europastandard und darin sind die Löwenköpfchen nun mal vertreten. Dieser Umstand ermöglichte zudem, dass neben den rhönfarbigen auch andere Farbenschläge gezeigt wurden und man erstmalig in Konkurrenz zu Züchtern aus anderen EE-Mitgliedsländern stand.

Die Ergebnisse der deutschen Züchter gaben keinen Anlass zur Kritik, denn die drei Zuchtgruppen und sechs Einzeltiere erhielten 382,0, 381,0 und 382,5 Punkten sowie 3-mal 96,5, 1-mal 96,0, 1-mal 95,5 und 1-mal 93,5 Punkte. Den Europameistertitel sicherte sich Andreas Todter und den Champion stellte die ZGM Scholz/Robert.

Der Verfasser konnte zudem eine Zuchtgruppe Löwenköpfchen, weiß BA ausstellen. Durch eine Wurfgeschwisterkonstellation war es möglich, die Löwenköpfchen, weiß BA nach dem damaligen deutschen Reglement zu kennzeichnen und auszustellen.

Schließlich folgte im Februar 2013 die Bundesrammlerschau in Oldenburg. Hier standen 23 Tiere und erhielten 2-mal sg6, 2-mal sg5, 1-mal sg4, 5-mal sg3, 5-mal g2 sowie 2-mal g1. Allerdings wurden auch vier Tiere mit nb bzw. ob von der Bewertung ausgeschlossen und zwei Tiere fehlten ganz.

Neben den Bundesschauen und der Europaschau stellten die Züchter selbstverständlich auch auf diversen Landesschauen aus. Für die territoriale Präsentation ist dies auch immens wichtig und sollte weiterhin genutzt werden. Als Maßstab für die Beurteilung einer Rasse gilt aber dennoch deren Quantität und Qualität auf Bundesschauen.

Deshalb sei es dem Autor verziehen, nicht jede Landesschau hier auszuwerten.

Den endgültigen Durchbruch und zugleich den Aufstieg aus der Neuzüchtungsabteilung in die allgemeine Klasse des deutschen Standards erzielten die Löwenköpfchen auf der 31. Bundeskaninchenschau im Dezember 2013 in Karlsruhe. Dort waren sage und schreibe 110 Löwenköpfchen, rhönfarbig ausgestellt. Damit machten die Löwenköpfchen rund ein Fünftel aller gezeigten Neuzüchtungen aus. Auch die Qualität war ausgesprochen gut bis sehr gut. So konnten 1-mal sg7, 9-mal sg6, 11-mal sg5, 20-mal sg4, 22-mal sg3, 12-mal g2, 12-mal g1, 4-mal g0 sowie 2-mal b0 und 11-mal nb vergeben werden. Sechs Tiere fehlten leider ganz.

Die große Anzahl der ausgestellten Tiere erlaubte auch erstmalig die Vergabe der Titel Bundessieger, sodass sich jeweils die Züchter Gerd Springstub, Emden, und Helene Rolfes, Kroge-Ehrendorf, diesen sichern konnten.

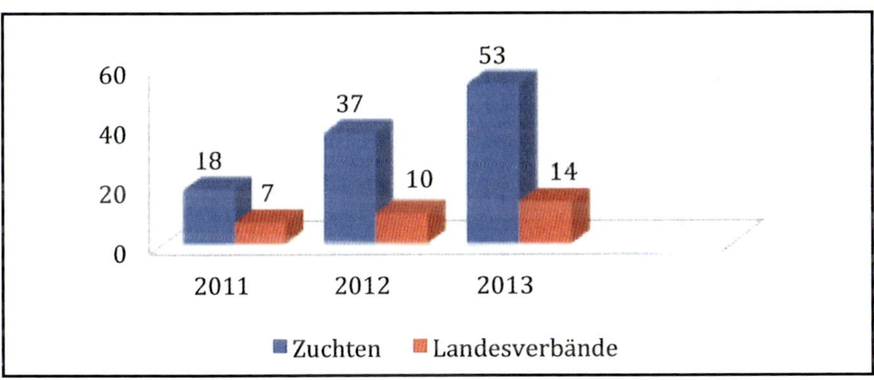

Entwicklung der registrierten Zuchten und Landesverbände.

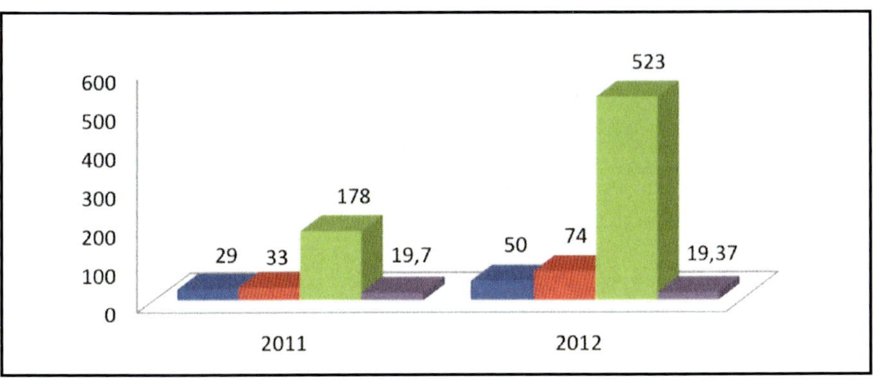

Zuchttierbestandserfassung laut TRGDEU.

Anhang

Ausblick

Blickt man einmal auf die letzten drei Jahre zurück, so kann man mit Fug und Recht behaupten, dass die Löwenköpfchen sich ihren Platz in der Rassekaninchenzucht bereits jetzt schon gesichert haben. Ob die nächsten Jahre weiterhin so eine Entwicklung tragen, wird sich zeigen. Mit Sicherheit werden sich aber weitere Farbenschläge bei den Löwenköpfchen hervortun und damit vergrößert sich auch zwangsläufig deren Züchterzahl. Für die Löwenköpfchenzucht kann dies nur ein Gewinn sein, denn mit steigender Züchterzahl geht meist auch eine merkliche Qualitätsverbesserung einher.

Mit anderen Worten: die Löwenköpfchen passen einfach blendend in die heutige Zeit oder noch prägnanter ausgedrückt: **Die Zeit war überreif!**

Literaturverzeichnis

Dorn, K.F.: Rassekaninchenzucht. 4. Auflage, Neumann Verlag Leipzig-Radebeul, 1981.

Eknigk, Heidrun: Kaninchenvererbung. Band 1: Die kleine Genetikschule. Verlag Oertel+Spörer, Reutlingen, 2010.

Eknigk, Heidrun: Kaninchenvererbung. Band 2: Einblick in die internationale Rassekaninchenzucht. Verlag Oertel+Spörer, Reutlingen, 2011.

Eknigk, Heidrum: Partielle Langhaarigkeit bei zwei Neuzüchtungen. Kaninchenzeitung, Nr. 8, pp. 18-21, 2012.

Garcia-Cruz, D., Figuera, L.E. und Cantu, J.M: Inherited hypertrichoses. Clinical Genetics. Bd. 61, Nr. 5, p. 321-329, 2002.

Henry, M.: Größte Erfolgsgeschichte seit Beginn der organisierten Rassekaninchenzucht. Kaninchen, Nr. 15, pp. 4-10, 2013.

Hillebrecht, Friedel: Kaninhop. Ratgeber für den artgerechten Kaninchensport. Verlag Oertel+Spörer, Reutlingen, 2009.

Hornung, Walter: Zwergwidder. Verlag Oertel+Spörer, Reutlingen, 2012.

Lackenbauer, Willi: Kaninchenfütterung. Verlag Oertel+Spörer, Reutlingen, 2009.

Matthes, Siegfried: Kaninchenkrankheiten. Krankheiten vorbeugen, erkennen, behandeln. Verlag Oertel+Spörer, Reutlingen, 2010.

Reber, Ulrich: Der lange Weg zum Zwerg. Kaninchen, Nr. 12, pp. 4-9, 2013.

Reber, Ulrich: Kaninchenhaltung. Rassen, Zucht, Ernährung. Verlag Oertel+Spörer, Reutlingen, 2008.

Schlolaut, Wolfgang: Das große Buch vom Kaninchen. 3. Auflage, 2003.

Tadin, M. et al: Complex cytogenetic rearrangement of chromosome 8q in a case of Ambras syndrome. Am. J. Med. Genet., Bd. 102, Nr. 1, pp. 100-104, 2001.

Thormann, Lothar: Kaninchenställe und Stallanlagen. Selbstbau leicht gemacht. Verlag Oertel+Spörer, Reutlingen, 2011.

Thormann, Lothar: Farbenzwerge. Verlag Oertel+Spörer, Reutlingen, 2013.

Trüeb, R.M.: Hypertrichose. Der Hautarzt, Nr. 4, pp. 325-338, 2008.

Wiederholt, T.,Poblete-Gutierrez, P. und Frank, J.: Genetisch bedingte Haarerkrankungen. Der Hautarzt, Nr. 8, pp. 723-731, 2003.